你的未來有無限可能

中華兩岸EMBA 英雄榜

CROSS-STRAIT
EMBA UNION

知識流
KNOWLEDGISM

英雄榜

你的未來有無限可能

中華兩岸EMBA

CROSS-STRAIT EMBA UNION

[目錄]

CONTENTS

英雄榜

你的未來有無限可能

中華兩岸EMBA

CROSS-STRAIT EMBA UNION

【目錄】

CONTENTS

EMBA

推薦序

有夢最美，相信自己的潛力無窮

賴正鎰

我一直相信一句話：「成功，沒有時間找藉口；失敗，到處都是理由。」

回想我自己一生，我曾經比一般人窮一百倍，但在最困難時我也不曾絕望過，現在，我在全世界各地蓋日月潭等級的涵碧樓。因為我相信，人的潛力無限，只要你願意發揮，它任你掏取。

中華兩岸ＥＭＢＡ聯合會是個大家庭，裡面匯聚了來自兩岸四面八方各路的英雄好漢，除了企業交流、經營理念分享，更重要的在這裡你感受到「生生不息」的活力，包括不斷從失敗中爬起來，無論如何咬緊牙根絕不向命運低頭的骨氣，以及感恩回饋，引導社會向上、向善的能量與活力。

我想，在人生的舞台上，「一生懸命」是個很重要的自我要求理念；換句話說，嚴格要求自己堅持專注，把事情做到極致，用生命守護自己所看重的東西；有這樣的覺悟，才夠資格在天地間被稱為一個「人」。

我也努力在我自己的企業中培養真正的「人」，我相信，我的企業也將因此更具競爭力，因為每個人都「一生懸命」，相信生命中最重要的事都在此時此刻發生，而我們要做的，就是專注於它，把它做到最好。對我而言，「當下」就是最好的修煉，我能處理好當下，就能處理好未來。

欣逢本書出版，除了感謝黃烱輝理事長的努力，及知識流出版社的用心之外，更感謝本書中所有主角的「自我剖析」，願意將自己奮鬥的心路歷程拿出來與公眾分享，無論順利或難堪，畢竟他們憑著毅力與膽識都一一走過，看似落英繽紛，其實千山萬水，有高峰，有低谷，但令人讚嘆的是，皇天不負苦心人，他們終於都尋到自己的桃花源。

我回憶起自己從台中一間中小企業起家，到現在事業體遍及兩岸，同時往歐美擴展的心路歷程，心有戚戚焉；只能說，惺惺相惜，因為，成功有固定的模式，而失敗的人，藉口跟理由五花八門。

我常常跟同仁講：「有願望容易，有願力難。」我們輕於許願，但缺乏實踐的願力，因此社會上，失敗者多，成功者少。從這本書中，我們可以看到當願望與願力真切結合時，將成就何等的事業與能量。

但請相信我，書中人物能做到的，你也能；我一直相信最美的人是心中有夢的人，心中有夢的人，臉上都散發出異樣的光彩，因為無窮的潛能召喚著他，不拿到獎賞絕不罷休。最後勉勵讀者，喚起心中的潛能，勇於迎向挑戰，拿回自己人生的聖杯。

（本文作者現為全國商業總會理事長）

推薦序

學習分享，是未來企業競爭力關鍵

鄭英耀

長久以來在學術界發展，但始終對「教學相長」這句話有深刻的體認。學術研究是理論，但實務操作的人才是先行者，而如果能結合兩者，那麼對於提升企業的競爭力一定大有幫助。

現在網路資訊發達、大數據的應用普遍，取得知識的管道已經不限於學校，傳統老師的定義也在改變，已經從傳道、授業、解惑的角色，轉變成引導、協助共同解決問題的「夥伴」、「教練」；換句話說，老師已經變成學生解決問題的諮詢師，而不再是純粹的威權定位。

尤其是ＥＭＢＡ班的同學，與其說是學生，不如說是提供自身實務經營經驗給教授參考，並與同儕分享的先行者，教授從他們身上學到的，其實有可能比教給他們的多；知名哈佛大學的〈案例分析〉課程即是出於類似的想法，這也是我強調的「教學相長」的概念，透過每屆ＥＭＢＡ班來自不同領域、產業的同學分享與反饋，學校所累積的產業知識、資料庫也日益增多，形成校方教材及研究上的大數據，這些大數據的分析與應用，也一再傳遞給新的ＥＭＢＡ班學生，一代一代，無形中，就提升了學校研究及參與同學企業上的競爭力。

知識就是力量，在這個科技發達的時代，的確，也只有分享、累積、協同、應用，才能產生最大的力量。我認為，這也是目前台灣高等教育應該走的方向。

欣逢本書出版，從其中內容，我充分感覺到「分享、累積、協同、應用」的時代已經來臨；沒有人敝帚自珍，中華兩岸ＥＭＢＡ聯合會的同學們大方分享自己的創業經驗，無論順遂或挫折，都值得回味參考，這當中所累積的經驗，又可為讀者借鏡，畢竟創業維艱，能夠存活的企業，必有其可觀之處，若能從中分析、探得其具體競爭力而援為己用，那更是讀者真正的福氣了。

其實我個人更強調隱含其中的「協同」力量；現代企業已無法單打獨鬥，而必須培養所有同仁「協同」的默契與執行力，企業的每一個流程與環節，都絕非到自己戛然而止，而是必須連結到下一個流程，流程順暢、溝通無礙，企業才真正具有競爭力，否則，只是內耗，徒然讓客戶逐漸流失。

以中山大學ＥＭＢＡ班為例，在課堂上，教授其實最注重的，是如何訓練學員在自己企業內部養成「協同」的能力：溝通、協同解決困難，而不是在死硬的ＫＰＩ要求下搶奪資源，見危不救。在成功的企業體系中，沒有英雄，只有創意的競爭，企業才有未來；而創意的產生，只能來自開放的企業，而創意的執行，也只能來自具「協同」能力的企業。

（本文作者現為國立中山大學校長）

EMBA

推薦序

興趣最重要，培養自己成為五項全人

吳連賞

我自己本身是學地理的，可是當初第一志願卻是台師大英語系，因為分數不夠，只好退而求其次，改念地理系，沒想到念出興趣來，反而在地理系有所發揮，一路念到台師大地理研究所、文化大學地理研究所博士，最後也持續在這個領域有所發揮，貢獻己力。我之所以舉自己為例，是要告訴讀者：興趣最重要。

有興趣的東西，臥薪嘗膽、苦心鑽研，你一定會做出一番成績，造就你與他人不同之處；沒有興趣的東西，你每天尸位素餐去上班，只求混一口飯吃，到最後可能只是誤了自己青春。身在教育界，我認為這是最可怕的一件事情。換句話說，人無法盡其才，不單是個人的損失，也是整個國家的災難。

本書中的主角，有個共同特點，那就是：他們都選擇自己有興趣的事業拼鬥，最後也拼鬥出一番成績來；這再次印證了那句老話：「行行出狀元。」

就像比爾蓋茲和賈伯斯都沒有讀到大學畢業，因為當他們找到自己的興趣就是資訊產品時，他們廢寢忘食地研究，以至於認為全世界最重要的事情，就是完成自己的興趣，進而把它發展成一份事業。

除了發展個人興趣，我還發現本書中的主角幾乎都存在一些共同特點，例如：願意充實自己內在涵養，成為一個文化人，同時注重休閒與運動；更難得的，每個人求知慾強，不管是與自己本身事業有關，或是新的科技資訊，他們都惟恐落後時代，隨時隨地積極汲取知識。

我長久以來一直提倡「五項全人」的概念，那就是努力讓自己成為一個「文化人」、「健康人」、「專業人」、「國際人」與「科技人」，也唯有這樣，個人及企業才能保持競爭力與活力。

因為「老闆」是企業的靈魂，也是企業價值的具體呈現，他本身如果在上述這五項能力中表現出色，也連帶會導引整個企業集體向上、向善的積極力量，這往往是一個企業能夠基業長青的內在原因。

本書中主角在這五項能力方面皆表現出色，這同時也是一個指標，值得讀者們好好咀嚼品味。成功有方法，甚至可以SOP化，聰明的讀者，一定可以從中找到入門之道。

（本文作者現為國立高雄師範大學校長）

EMBA

推薦序

集體創造社會向上的力量

張溪石

我自己的人生歷程，其實就跟這本書裡面的任何一位主角一樣：困頓中求出路、落魄中不服輸，並且相信每個人都有屬於他自己應該要完成的天命。

我出生於台南鄉下白河農村，早年若是聽從了父親的安排，那麼我現在可能只是一名從地區農會退休的小職員；可是不服輸的個性，讓我硬起頸子，離鄉背井自行拼鬥，到最後創辦了精華光學，不僅照顧了很多員工的家庭，我也善加利用手中的資源，回饋社會，兼善眾生。

這一切都只因為一個發願：我能、我可以、我要讓自己的人生盡善盡美。現實生活中，每個人的起點都不平等，有含著金湯匙出世，也有落地時就注定勞碌一輩子，更多的是迷失自我，面對著千萬條道路，不知何去何從的人生。

我自己也是不斷摸索，東闖西撞，撞得滿頭包以後，才開拓出自己的人生大道，回想當初，在我心中唯一堅持的理念就是：謹守信念、謹守善念、堅持向上。我是個南部小孩，一直到現在，農村的純樸風氣依然在我的性格與靈魂裡，凡事我喜歡幽默以對，因為生活是不容易的，但生命可以是輕鬆的，大自然的一切，已經教會我們這個道理。

在中華兩岸EMBA協會這個大家庭裡，我認識了很多好朋友，不僅志同道合，彼此也心有靈犀；大家心裡面有個共同目標，那就是集體創造這個社會善的、向上的力量。易經上說：「天行健，君子以自強不息。」人生就應該秉持目標，周而復始，循環不已，最後止於至善，為子孫，也為後世，留下一個可以訴說的典範。

我自己常常思索，我的人生到最後是要留下履歷、資歷？還是一篇可供後人緬懷的墓誌銘？毫無疑問，我毅然決然選擇後者。因此，已屆不逾矩之年的我，目前的生命志願就是：行善、公益、兼善眾生。這樣的發願與行誼，在中華兩岸EMBA協會這個大家庭裡處處可見，我很感動於這個協會的善念氛圍，更感動於它所號召、推廣的兩岸人才交流，因為它同時也是善的、向上的交流。

現任理事長黃烱輝非常用心，為了讓社會大眾對於協會更加了解，吸納更多的人才參與進來，並且也留下一些成功的案例典範給大家參考，因此出版了這本書。希望透過其中的內容，推廣協會理念：社會責任、弱勢關懷、推己及人、引導社會善的循環，給年輕人一些借鏡參考。

（本文作者現為精華光學合夥創辦人、中華兩岸EMBA聯合會榮譽理事長）

EMBA

推薦序

傳承中華兩岸EMBA聯合會的創會精神

林湘評

在中華兩岸EMBA聯合會裡，我學到一件重要的事，就是認識人才。很多年輕人急著賺錢，急著認識「錢」，自己年輕時也有這樣的性急與想法，但隨著年齡增長與閱歷的增加，才深刻體認到，原來，一切都是「人」在做主。

認識了對的人，自然而然，錢會找上你；認識了錯的人，很快地，錢財也會離你而去。與其一心想賺錢，不如好好經營人脈；與其一心只想著錢，不如好好修養自己，誠信待人，與人為善，商機自然無限。

古人說，和氣生財；和，不僅指的是人際關係，也兼指自己的內在修為：內心篤定，一意精誠，雜念不擾，則皇天不負苦心人，鬼神為你讓路，自然而然走上康莊大道。這是我自己的創業體驗，也是本書所有參與者的共同心路歷程。

天下事，有誠無不成，無誠難有成。一切只在胸前方寸之間。認識本屆理事長黃烱輝已久，他古道熱腸、熱心助人，贊助各種公益活動不斷，更難得是，他想建立一種傳承：傳承中華兩岸EMBA聯合會的創會精神，同時，建立它的文化價值，那就是：積極、創新、向上、建立善的循環，因此有了這本書的構想。

書中人物，不論是白手起家或肩負家族使命重擔，都有著不為人知的苦楚與辛酸，但都咬緊牙關，一一撐了過來；我想，這就是所謂台灣人海洋民族的精神與韌性吧！我們總能在一片荒蕪中，看到第一朵花，我們祖先就是憑藉著這種精神，篳路藍縷，把這塊原本遺立於海中的荒島，建設成一片樂土。這樣從無到有的畫面，時常具象化在我腦海中呈現，因此遇到困難時我總告訴自己，如果我們先輩能，為何這代不能？

記得之前看過一部電影，描寫哥倫布要出海前遇到反對者的嘲笑；哥倫布把反對者揪到窗前，指著窗外的宮殿、城堡、大教堂，對他說，你所看到的這些，都是你口中嘲笑的先驅者創造的。壯哉斯言！我們在人生某個階段都要創辦事業；這股衝勁就是：專注、認真、誠懇、執著。如果哥倫布能因此發現新大陸，我們也能夠因此航向自己的成功殿堂。

最後，就以這段話與所有讀者共勉：人生要活得精采，永遠記得莫忘初衷；勿失本心，精誠所至，金石為開。

（本文作者現為台灣企業菁英協進會理事長）

EMBA

序言

找出每個人共同的成功密碼

黃烱輝

我自二〇一七年四月起擔任中華兩岸EMBA學會的理事長，任期兩年，即將到今年二〇一九年的四月任滿。

這是一個集合中華兩岸各行各業優秀CEO的園地，還設置了各種不同的社團，例如鐵馬社、高爾夫球社等。任內最大的感觸是在中華兩岸EMBA這一個大家庭裡，每位優秀的學長姐都不分學歷、經歷、財力，相濡以沫，真心把每個人當作好朋友，共同營造集體向上的善的力量。

有感於此，我想把這些善的集合，以及集體向上的力量整合成一本書，作為集體的紀念跟回憶，同時也為我這兩年的任期劃下完美的句點。

我最大的感觸是，在這個大家庭裡，每個人都惜福、感恩、樂於分享，同時與他人良善互動，更可貴的是，願意互相幫忙，同時參與社會公益。這真是一個美好的園地，我有幸浸淫其間，是莫大的榮幸。

這是一個善的空間，每個人都來自不同的家庭，幼時生長的環境、求學的過程、奮鬥的經歷也都不同，但他們最後都能走向成功與榮耀，當中必有許多精采故事值得我們回味與學習。

這本書的主角很多都是白手起家，從零、甚至負債開始，他們歷經的艱辛困難非常人所能想像，但他們也是常人，這就是更加可貴之處。古人說：「皇天不負苦心人」、「精誠所至，金石為開。」我想，書中人物的奮鬥故事，就是最好的詮釋。

我也是在台中豐原鄉下出身的貧苦小孩，能夠有今日這番小小的成就，我已非常滿足，但更多的是感恩，奮鬥過程有太多的人需要感謝，有太多的事情需要運氣，有太多的福份需要好好珍惜；我相信書中的人物也都跟我一樣，懷著感恩與惜福的心情，樂意藉由這本書，分享一切。

書中人物絕不特出，更談不上偉大，他們就像每天出現於你我周遭的人物一樣平凡，但如果有一些值得與讀者分享的地方，那就是他們的真誠、熱情，與誠信。

真誠對待每一個人、熱情度過每一天、以誠信服務客戶，這幾乎是每個人共同的成功密碼。上天打造了一把成功的鑰匙，但只有傻瓜能得到它；這裡的傻瓜，指的就是執著、不投機取巧、堅持每一個步驟與流程、又對生命充滿熱愛的人。

先賢有云：「至誠則天下無不成之事，不誠則天下無能成之事。」壯哉斯言！擲地有聲！謹以此佳句與讀者分享。

（本文作者現為欣巴巴事業董事長、中華兩岸ＥＭＢＡ聯合會理事長）

中山
EMBA

愛其所擇
專業所愛

欣巴巴事業董事長
黃烱輝

■左：於辦公室辦公。 ■中：挑戰戈壁， 突破自我。 ■右：巴巴事業得獎無數。

EMBA

愛其所擇，專業所愛

身為傳統農家子弟，不斷拚搏人生，成就今天的欣巴巴事業董事長黃烱輝。早期即相中港都魅力及前景，從代銷業界跨足建設領域，除致力於公司經營外，更樂於分享付出，至今受許多業界人士認同讚許，還曾任中華民國不動產代銷公會全聯會理事長及中華兩岸ＥＭＢＡ聯合會理事長；黃烱輝的人生故事，相當值得讓人深深思量、細細品味。

黃烱輝，台中豐原人，傳統農家出生，求學時期學的是機械科系。畢業退伍後，他對未來感到迷惘，機械本業的學科培養時期，已讓他清楚感覺該科專業並非所愛。深思之後，一九八五年他毅然北上投身建設業，從業務身分開始了人生職涯的闖蕩。

入行的宏福建設位在台北縣（現在的新北市），以成屋銷售為主。當時正值台灣經濟起飛，房地產是許多人成家及投資的好選擇。那個年代的工地秀是買氣熱絡的開場亮點，每次都會帶來滿滿的人潮。當客戶成交入厝後，還會熱情的邀請身為業務的他一同慶賀同樂，充滿濃厚的人情味。

早期成屋的客群，是以廣大的勞工族群為主。透天厝多為四、五層樓，規格制式簡單，很快的時間內就可以完工銷售。成屋相當受當時勞工階層的喜愛，適合經濟蓬勃發展的時代。

職涯不滿足
跨層次開闢新視野

工作一段時間以後，黃炯輝因幾次機緣巧合踏足台北市，深刻感受到北市與北縣在生活精緻度與要求上有明顯不同。初接觸到北市房屋銷售領域的差異，讓身為建設公司業務的他，感受到代銷領域另一種層次的魅力與專業。幾經思量後，毅然選擇踏出步伐，走向新的領域。

代銷業時期，他向標竿學習，如海綿般吸收老闆張松森的房產專業與領導管理手法。任職運通建設期間，他獲得三個重要的資產寶藏。

第一重要收穫是經歷了跨區域的銷售經驗，不僅將高雄的房屋賣給當地人，更轉向北部跨界行銷。這樣難得的經驗，大幅擴展了他在房產界的格局與眼光，更讓他在後續建案的銷售，有更靈活多元的操作手法。

第二重要收穫是管理經營的重要奠基。當時運通建設規模龐大，事業單位多，公司採取的制度，是將獲利及股權讓負責的經理依比例享有。這樣的制度鼓勵了身兼股東及經理的合夥人們一起努力打拼，也讓身在當中的黃炯輝，對未來自己創業有了初步的規劃及藍圖。

■接任第三屆中華兩岸EMBA聯合會理事長。

■陳菊市長頒發園冶獎。

■中華民國不動產代銷經紀商業同業公會全國聯合會第二、三屆理事長交接。

■中華兩岸EMBA聯合會海南參訪。

■中華兩岸EMBA聯合會廣東韶關考察。

■公益信託巴巴慈善基金舉辦，父親楷模暨中元孝悌楷模表揚活動。

■中山大學EMBA畢業典禮接受證書。

■公益信託巴巴慈善基金舉辦冬令賑濟活動。

■中山大學EMBA畢業典禮上與家人合照。

■千金出閣。中午在漢神巨蛋9樓舉辦結婚歸寧囍宴。當天賓客祝福的禮金，全數以賓客的個人名義捐贈財團法人高雄市私立小天使家園及社團法人台灣信徹蓮池功德會兩個公益慈善單位，讓這場婚禮增添良善美意。

第三最重要的收穫，就是結識了當時公司內部的同事，而後牽手相持至今的賢內助。黃烱輝坦言，人生一路的拚搏，慶幸有夫人相伴，陪他度過了許多難關，而夫人於家庭及對他事業的支持，更是他不斷前進的動力。至今，兩人同心攜手的畫面，仍常在黃烱輝樂善好施的善舉中出現，十分令人稱羨。

一九八八年，黃烱輝踏上了另一段冒險飛躍的旅程，成立他的第一間公司——江廈廣告。創業初期的艱辛，他未曾少嘗一味，日復一日高壓的尋找商機，卻無法順利承接案子，挑戰一波又一波，棄戰而退的想法，甚至在每個夜深人靜時不斷於腦海盤旋，難以成眠。

不願灰心的他，不斷整理戰場，找尋突破的契機。分析了環境狀況及自身情形後，黃烱輝看見熱情的港都——高雄的潛力與前景，決定到高雄另闢戰場。一九九三年，他到高雄成立廣告公司，開拓高雄的市場，三年後見其可為，大刀闊斧將公司重心南移，將戰力鎖定高雄，專注打下江山。

黃烱輝回憶起來感慨地說，在高雄開疆闢土，一開始也不是盡如己意，尤其南部人注重人情，講究信任，沒有信任基礎，業務拜訪提案的結果大多是石沉大海。

充滿鬥志的他，不放棄的一家一家拜訪，一次一次的懇託，在已數不清、算不明的磨心堅持後，終於遇到人生轉機的貴人——鼎宇建設張調董事長，願意給予機會銷售。

張調董事長表示，當時對這個年輕人的衝勁讓他印象相當深刻，故決定給他機會試試看，結果真的不負期望，銷售出漂亮的成績，而後也更願意將新案子委託他代銷。

早期高雄對於台北人的印象是「比較精明」，所以對於台北下來的他多了一層戒心與成見，然而黃炯輝實實在在，不斷的做好該有的基本功，遇到不明白之處，也不會故意裝懂，或拐彎抹角的旁敲側擊，而是虛心誠懇地向前輩專家請教。原本觀望的同事、客戶，長時間相處下來，反而感受到他的真誠。

從代銷業白手起家，之後黃炯輝又轉戰建設公司、營造廠，整合上、中、下游產業。一路從江城建設、巴森營造、巴森開發建設，到旗下有不少事業體的巴巴事業，至二〇一三年再增加一家上市公司欣巴巴事業。

一路打拼前進，從代銷到上市的建設公司集團的轉變，當中那份堅持且源源不絕的動力，來自一段不愉快的經歷。

在代銷時期，曾遇到劣質建商惡意怠付款項，讓當時辛苦經營的事業遇到資金周轉的困境。為了度過當時的難關，他只能回頭向父親拜託，將父親的農地貸款。因為這樣的經歷，他深深體悟為人作嫁的痛處，遂下定決心打拼出自己可以掌握的一片天地。

一九九九年發生九二一地震，台灣景氣跌落谷底，但當時的黃炯輝已累積了相當的資金實力，看準時機，就在當時轉入建設這條路。從選地、購地、短時間蓋出第一批成屋，銷售狀況極佳。當時這一切成本，都是用他的自有資金，未向銀行借貸，這也讓銀行業注意到他的潛力與能耐，反而主動上門洽談後續案件的借貸接洽。

富廣開發董事長張松森，當年是黃炯輝運通建設時期的老闆，張松森說，黃炯輝是位膽識魄力十足，極富企圖心的人才。難得的是，「他也待人和善，相當懂得感恩，現在還經常會跟人提到他之前受我的關照提攜，也常來公司拜會，我們一直保持良好的互動。」

一樣的專業
薪資投資大不同

事業上拚搏的黃炯輝，對於理財投資亦是用心耕耘。除了本業是房地產，投資標的也鎖定房產業，開創事業時的資金，即是來自投資生財的成果。當年工作時，他就細心觀察到許多公寓因為年代久遠、賣相不佳導致售價極低。

擁有代銷領域的專業，他深知包裝與行銷賣點的重要，故評估購置及改裝成本後，即開始了本業外的投資經營。

當時操作平均下來每戶獲利約有八至十萬元，每年四至五戶的成交，以這樣的速度與數量循序漸進，三年下來即累積了一百多萬元的獲利，對當時月薪才二萬元的他來說，遠遠高於本業薪資的收入。

收入不圖享樂
提早規劃投資為未來布局準備

運通建設時期，是南部經濟翻漲的年代，負責高雄某案銷售的他，經歷了許多人藉由買賣房地產賺大錢的例子。當時部分同事因為業績不錯，換了BMW代步，享受生活，但是黃烱輝反而跟別人想的不一樣。

他認為趁年輕就要開始投資理財，而非讓自己貪圖享樂。在房地產界擔任銷售工作，清楚許多人投資房產獲利的方式，黃烱輝認為，自己是行內專家，更應該提早佈局，累積資產。

當時，二十多歲的黃烱輝第一次出手，選擇了伯爵山莊一間三房兩廳格局的房子，價格三百多萬元，對於是否要貸款購屋，當時的他一方面衡量銀行貸款利率動輒七～八％，長期下來也增加不少的持有成本，另一個想法是因為父親從小的家訓是「不亂花錢，不欠人錢」，故決定既然手上資金足夠就全額購屋，不動用不必要的貸款。

買了第一間伯爵山莊的房子後，黃烱輝又於一九八七年看上內湖路一段的七樓某案場，預售價一坪七．二萬，一戶三百多萬元，自備款三成，但當時簽約只要先付一成。他判斷房子地段好，一定會漲，欲購買兩戶投資。手上沒現金的他，於是想到跟父親借錢，沒想到反遭父親訓斥：「人不要過度貪心，搞不好不僅沒賺到，還要倒賠一筆。」

不死心的他仍持續關注這批建案的狀況。一九八九年房子交屋時，每坪已漲到十六萬元，讓他相當扼腕。那年除夕圍爐吃年夜飯，他就藉機跟父親說，如果當時借錢來買，就可以多賺幾百萬元，相當可惜，想藉此改變父親的觀念，沒想到，父親又是一頓訓誡：「幸好你沒有賺到，你還那麼年輕，若賺到，從此都是這樣的觀念，你的人生就完蛋了。」

父親當頭棒喝 開啟事業格局

「父親雖然只有小學畢業，但這番話，真的是人生智慧結晶。」黃炯輝表示，父親這個當頭棒喝，對他後來的人生發展非常重要。當時若真的大賺一筆，可能自己從此野心更大，變成職業炒房，長遠來說絕對沒有好處，更不會全心全意在事業發展了。

事業蓬勃發展的時期，原本沒想過再入校門當學生，而會重回中山大學ＥＭＢＡ進修的契機，是曾任考試委員及高雄副市長的黃俊英先生對他的看重。黃副市長不斷鼓勵他再次進修，讓未來事業發展能以更高的格局檢視，並以更長遠的眼光思考規劃。

當時黃炯輝認為，在建設實務上專注即可，不需要在學術上更上一層樓，「但黃副市長一直鼓勵我，最後直接為我繳了ＥＭＢＡ的報名費，盛情難卻下，讓我深深感受到他對我的期許，也決定不辜負他對我的好意。」

進修EMBA的決定，讓黃炯輝覺得超乎預期且大有收穫。首先是熟識了一群醫生朋友，從而得知正確的健康醫療觀念，讓他知道怎麼照顧自己與家人、朋友的健康，遇到緊急的情況時還可以請同學幫忙，迅速獲得正確的醫療作法與支援。

另外，與許多不同領域的同學交流，也讓他汲取不同行業的想法與觀點，思考能更具多元化面向與視角。個性熱情、願意付出的黃炯輝擁有極佳的人緣，不斷被選任班代，為大家服務，後來更因此被推選為中華兩岸EMBA聯合會的理事長，豐富了他在協會層面的經歷及眼界，這都是他未曾想過的人生旅程。

對於年輕人面對職涯或創業的想法，黃炯輝認為，最重要的是興趣的發掘與專業能力的積累。人生不怕辛苦，為了找到符合自己志趣的工作，要不斷勇敢嘗試，找到後更要透過努力學習，使其變成自己的專才；過程中不要怕面對問題及挑戰，困難血淚的歷練才是往更高層次進步的墊腳石，成為優秀且具遠見的自己。

黃炯輝說：「每個人的成功經驗都是獨一無二的，有其值得敬佩學習之處，我們可以藉由了解每個故事，分析思考背後困難或失敗經驗，並觀察每個人突破困難的思維與方式，藉此豐富我們思維的面向，更全盤的面對未來職涯的挑戰及規劃。讓自己不斷升級，打造更理想的職涯定位，增加職業生涯旅程上的閱歷及成就，回首方不負此行。」

CROSS-STRAIT EMBA UNION

台科大
EMBA

他的人生字典裡沒有困難兩字

精華光學合夥創辦人

張溪石

■左：受邀參加台科大 EDBA / EMBA 校友會的總會活動。 ■中：參加2018年中華兩岸EMBA聯合會聖誕晚會。 ■右：辦公室懸掛三義木雕朋友贈送的八駿馬一幅，價值180萬元。

他的人生字典裡，沒有困難兩字

精華光學合夥創辦人及前董事長張溪石，成功帶領精華光學蛻變為全球前五大隱形眼鏡公司，如今雖然已從精華光學退休十年，但他選擇在人生的不同戰場上繼續奮戰，投入公益貢獻社會。

一九四九年出生的張溪石，從小在台南白河鄉下長大，當時受限社會經濟狀況，每個人學歷普遍不高，能念到高中的張溪石，很早就覺得自己必須力爭上游，不能變成家裡的負擔。由於鄉里間念到高中的人並不多，張溪石有時不免覺得自己高人一等。

當時，張溪石有一位阿伯當牧師，在鄉下很受敬重，父親跟他說，若請阿伯引薦到鄉公所或農會任職，一定可以找到穩定的工作。不過，當張溪石聽到鄉公所月薪才四百八十元，非常瞧不起，覺得自己能力卓越，就跟父親說：「世界那麼大，我又那麼厲害，隨便做都嚇嚇叫！」

回想小時候與父親的對話情景，張溪石依然歷歷在目。父親聽到兒子如此不可一世，大聲責備他：「死小孩，你沒摸到天，不知天沁沁，快落雨啦！」父親的意思是，小孩子不知道天高地厚，沒有摸到雲已吸足水氣，快要變天下雨了。

六〇年代石油危機 十人合作創辦精華光學

有一次，張溪石與父親又起衝突，結果他一氣之下，行李也沒拿，只撂下一句話：「我自己去都市找頭路就好了！」就這樣頭也不回奪門而出。當時，寵愛兒子的母親捨不得，手裡拿著五百元一路追來，奔跑中還跌倒二、三次，血氣方剛的張溪石回頭一看，心裡雖然有些不捨，但心想：「有錢或許可以走遠一點。」

於是，張溪石收下媽媽的五百塊，手裡有了錢，膽子也大了，走到車站看了看，想起有一位舅公在高雄，決定先去那裡謀出路。當時的他，只想離家遠一點，努力尋找自己的夢想。

只是，初進職場的張溪石，才發現夢想與現實差距太遠。張溪石先去高雄一家賣場當店員，不僅要考試，還讓他等了兩、三個月，身上的錢早已用罄。工作後又發現老闆對工人很刻薄，每天從早上七點工作到晚上十一點，且只能在樓梯下打地鋪就寢，吃的則是老闆的剩菜剩湯，更離譜的是，有一次他為了搬貨坐電梯，竟被老闆阻止說：「電梯是給人搭的，工人要走樓梯。」

面對這種侮辱，張溪石忍氣吞聲，當成是磨練自己的機會，咬著牙熬了過來，也發誓以

■台科大廖校長等頒獎給學校貧困學生急難救助金99萬元，他拋磚引玉先捐22萬元。

■與台科大管院院長欒斌老師合照，參加管院EMBA新生說明會，幫忙激勵人心。

■參加2018年中華兩岸EMBA聯合會聖誕晚會。

EMBA

■台科大校長廖慶隆頒感謝狀給張溪石，表揚他捐贈急難救助金的貢獻。

■參加同慶扶輪社例會照片。

■2018年6月參加世界扶輪社加拿大年會。

■參加中華兩岸EMBA高爾夫球活動。

■參加中華兩岸EMBA聯合會活動。

■台灣科技大學管理學院張光第執行長頒獎，感謝張溪石多年來對母校奉獻良多。

■台科大上海華東校友分會，右三是台灣科大的副校長。

■ 參加2018年最感人貢獻獎頒獎典禮。

後一定要自行創業，有一番成就。

張溪石當兵的經歷，也可以看出他勇於嘗試及敢拼敢衝的精神。「長官經常指派公差，若表現良好，就可以放榮譽假。」有一次，部隊收到民眾送來的勞軍禮物，竟然是一頭健壯的山豬，需要將牠五花大綁，把部隊裡許多同僚都已弄到筋疲力盡，山豬仍不肯就範。在旁邊觀察良久後，張溪石衝上前抓住山豬尾巴，將牠摺倒在地並猛力一摔，成功制伏了山豬，也賺到一天榮譽假。

問他成功的祕訣是什麼？張溪石自信滿滿的回答：「我的人生字典裡，沒有困難兩個字。」憑著這種謀定後動又勇於任事的精神，張溪石在每段工作上都盡全力表現，也因此常獲主管賞識。而他能夠加入並參與創辦日後飛黃騰達的精華光學，也是同樣的原因。

在精華光學成立前，張溪石與精華光學的技術靈魂人物周春祿，兩人曾在美森聖誕樹一起工作。當時擔任主管的周春祿，發現比他小十七歲的張溪石衝勁十足，生產線上的各種流程與知識，別人要花三個月才學會，他一個月就記得滾瓜爛熟，因此特別看重這個年輕人，後來還把自己的小姨子介紹給他，成為張溪石的太太。

不過，六〇年代發生石油危機，公司瀕臨倒閉，周春祿選擇創業，也邀約被裁員的張溪石一同參加，後來張溪石又找來朋友褚富雄，總計十個人合作創辦精華光學。

六十歲辭精華董事長職位
進修台科大EMBA，曾任台科大財金所教授

精華光學草創之初非常辛苦，靠著周春祿帶著團隊認真投入技術開發，從傳統硬式隱形眼鏡，一路做到軟式及拋棄式等鏡片，成為全球第五大隱形鏡片公司。公司開疆闢土的過程中，周春祿自己不坐大位，把機會全讓給年輕人，因此，張溪石在三十八歲時就接任精華董事長，總經理一職也很早就交棒給更年輕的陳明賢。

不過，張溪石說，別人都覺得董事長威風八面，但他並不全然苟同。「員工有不明瞭的就來找你，沒錢更來請你解決。」張溪石認為，董事長必須有真功夫，而若做得好，員工又會說：「其實是員工厲害，董事長只是推手。」張溪石不改幽默，簡短幾句話就能同時揶揄自己和員工。

講求效率的張溪石，開會最忌諱的就是議而不決，因此對開會的流程與結果都極為講究。「重要會議前兩、三天，管理部就會將議題擬好，題目必須講得很明確，並且要先詢問大家意見，若有嚴重的相左，我會先去溝通。」張溪石說，讓同仁先對議題表達意見，是為了確認未來可以往一致的目標與方向前進，一旦議題確立，開會時就不能有過多藉口。

十年前，張溪石滿六十歲，他就按照原來規劃辭掉精華董事長職位，退休後，投入較為輕鬆的投資工作，但也未忘記要繼續充實自己，先後在台科大修完EMBA的課程，還擔任

台科大財金所兼任教授，此外，他也到扶輪社從事慈善與奉獻的志業。

「我們都尊稱張溪石為『校』長，」現任中華兩岸EMBA聯合會理事長黃炯輝說，因為張溪石是白手起家，從台南白河北上打拼，在產業界很有份量，贏得大家一致的尊敬，連學校教授都很尊重他，所以大家尊稱他為校長。黃炯輝也說，張溪石對台科大的奉獻良多，每年的慈善音樂會，幾乎都是他出錢出力最多，但他又都不想居功，因此當初中華兩岸EMBA聯合會要推選理事長時，他一直推辭，最後便尊稱他為榮譽理事長。

奉獻要從小善開始 這樣的善才能累積能量

談到自己的奉獻與志業，張溪石回憶，那位曾能夠引薦他到鄉公所工作的阿伯牧師是日本醫學院畢業，經常邀孩童去診所打桌球，有時候還會請吃飯，並邀小孩周末上教堂，後來，阿伯牧師要小孩去受洗，張溪石說他當時也不懂，所以也跟著受洗了。不過，也因為有這些過往，讓他隨著年紀的增長與歷練，開始認同基督教要人們奉獻的道理。

「賺一百元，就拿十元出來奉獻，而且不要等到有錢才奉獻，要從小善開始，因為這樣的善才能累積能量。」後來，張溪石四十歲接觸了扶輪社，覺得似乎找到了歸宿；三十年來，他幾乎每個月都是扶輪社裡排名前十名的捐贈者，甚至還負責送便當給獨居老人，出錢又出力，至今樂此不疲。

與張溪石同為扶輪社友及台科大EMBA校友、現任小蒙牛副董事長的高溢忠說，張溪石的慷慨、風趣與學問的淵博，不論在學校或社團都很出名，也是他多年來的良師益友。「不論在經營、投資及人生哲學各方面，他都有非常深厚的功力與底氣，和他聊天，就像進入挖不盡的寶山一樣，真的讓人佩服。」

對於財富的看法，張溪石也很豁達；他說，他有一位富甲一方的朋友，因為重病住院，他去看望他，卻發現他住在三人一間的病房裡，就問他兒子說：「為何要住三人房？」結果兒子回答：「爸爸愛熱鬧，要有人陪。」這讓張溪石很感嘆：「其實我很清楚，兒子是在思量如果父親往生，遺產由他繼承，當然能省則省。」

另外還有一位朋友因心肌梗塞被送到醫院，原本以為自己不久於世，於是在病床前把公司及財產全部過戶給兒子，沒想到心臟裝了支架後大病初癒，這才發現兒子掌控了公司，只給他一個總裁的虛位，做什麼事還要看兒子安排。

「人生坐擁那麼多錢，不懂得使用是沒有用的，所以我寧願選擇捐出。」走過人生大風大浪，即將滿七十歲的張溪石還再三強調：「以前我在精華光學的事就不要再多寫了，我都已退休十年了。」低調個性仍然掩蓋不住這位敢拼敢衝鬥士的鋒芒，他在自己的生命戰場中，正繼續譜寫一頁新的樂章。

用真心廣結善緣 產官學交流最佳推手

崑山科大房地產開發與管理系副教授

顏聰玲

■左：參加教育部大學社會責任（USR）計畫博覽會，攝於台灣大學。 ■中：攝於高雄美術館，寶貝兒女以誠、以悅。 ■右：與兒子合影。

用真心廣結善緣，產官學交流最佳推手

尼采曾說：「每一個不曾起舞的日子，都是對生命的辜負。」崑山科大教授顏聰玲的生命，正是一場舞到極致的動人演出。

很少人知道，外表亮麗的顏聰玲，竟是紅斑性狼瘡的患者，自二十七歲發病至今，經過了二十三年與病魔搏鬥的日子，期間住院三、四十次，開刀近十次，三、四次陷入病危。然而，人生給予她的挑戰並沒有因此告一段落。得知是紅斑病友後，仍堅毅生下了兩名孩子，而且隻身拉拔一雙兒女長大，同時身兼父親、母親以及在校教授、組長、產官學計畫主持人等多重身分及職務。

主修管理、笑稱自己是「管理控」的她，仍透過認真和堅持「管理」每個細節，不僅扮演國內產官學之間的交流平台、帶領不動產產業進行兩岸交流，更集結六個產學合作案升等至助理教授，集結區域合作平台、產業調查、地區經濟振興等九個案子升等副教授，走出和其他人不同，以「技術報告升等」的路，在人生的各面向交出一張又一張亮眼的成績單。

產學合作
打造產業知識館

您的房子，建築結構是RC、SS還是SRC？採用多少磅的混凝土？用的是連續基礎還是筏式基礎？鋼筋綁紮如何施作？原來，這些「建築物生產履歷」資訊，都會大大影響房子的耐震及耐久度，但這些「硬道理」，卻是近幾年才開始在建案銷售時普遍性的揭露。

二〇一一年落成的崑山科大「不動產開發—產業生態知識館」，正是台灣第一個完整呈現「建築物生產履歷」的建築。該館率先將建物自土地取得、規劃設計到營造施工、銷售和交屋的流程完整記錄，對不動產相關科系學生的實務學習有相當大的效益，是房地產界革命性的指標，而這正是顏聰玲與知名建商巴巴事業合作建構。

一直到二〇一六年二月六日地震造成台南維冠大樓倒塌，全台才開始風行做建物生產履歷，至今也成為房地產代銷業者銷售的標準配備，足見顏聰玲走在趨勢浪頭，又與業界緊密結合的思維。

以貼近業界與實務的教學理念，崑山科大一直是為房地產業作育英才的重要推手，許多畢業系友在業界都有亮眼的成就。於崑山科大房地產開發與管理系任教迄今已二十三個年頭的顏聰玲，迄今指導了三十幾位產業碩士班研究生，包括巴巴事業董事長黃烱輝都是她十年前的學生。

由於與業界貼近，在高度競爭的不動產業領域，顏聰玲甚至曾多次促成台南、高雄建商間的交流與參訪行程，對於個別建商至外地推案，以及業界整體的提升，都有實質上的效益。

■參加中華跨域合作發展協會理監事大會，左起：陳光雄理事長、顏聰玲、新北市邱敬斌副秘書長、施聖亭總經理。

■參訪廣東省中山市迪興實業，左起：黃烱輝董事長、顏聰玲、柳振興總經理、張志銘教授。

■雲嘉南區域永續發展委員會首長會議，雲林縣政府， 由左至右：營建署洪嘉宏分署長、雲林縣蘇治芬縣長、黃敏惠市長、經建會黃萬翔副主委、嘉義縣林美珠副縣長、台南市林欽榮副市長、顏聰玲。

■嘉義縣政府經濟發展處帶領專題指導學生訪談林學堅處長(左二)。

■中興大學國務所地方創生研討會，李長晏教授、菊地端夫教授與相關領域學者。

■與北京對外經濟貿易大學王稼瓊校長合影，台灣千人夏令營活動。

■攝於聖彌格天主堂復活節，全家福合影。

■與產碩班學生一同醃泡菜、烤餅乾，攝於詠絮室內設計。

■高醫大附醫免疫風濕科，陳忠仁醫師。

■領團參訪廣東省韶關市，韶關市市委常委（堂妹）顏珂合影。

■為了女兒學校跳舞隊參加台南市舞蹈比賽，擔任巧手媽媽，攝於聖功女中。

推動區域合作
帶動地方生機

不只貼近業界，顏聰玲也是極少數早期就開始接政府標案的老師。例如在行政院經建會補助推動的七大區域合作平台中，「雲嘉南」區域合作平台的專案計畫即由顏聰玲負責，為七個區域中唯一參與的技職體系學校。顏聰玲笑著說，當初成立的「雲嘉南區域永續發展委員會」，由於涉及從中央部會到雲嘉南四個地方政府的縱向與橫向連結，各級組織有不同的政黨色彩，一開始並不被看好，但在用心的溝通協調下，後來反而成為區域合作的典範，且因長期合作建立友誼，延伸成為今日民間的「中華跨域合作發展協會」。

前行政院長賴清德宣示將二〇一九年訂為「地方創生」元年，國發會更以「推動地方創生政策」為主軸，而顏聰玲已於二年前即著手研討此議題，並頻獲邀分享雲嘉南平台與地區經濟振興發展的經營經驗。

「地方創生」主要是因應我國總人口減少、高齡少子化、人口過度集中大都市、以及城鄉發展失衡等問題而生，目標是「為地方發展創生機」，而行政院經濟建設委員會自二〇〇九年開始補助地方政府推動區域合作平台，或可視為「地方創生」議題的前身。

在負責雲嘉南平台期間，嘉義市曾提出希望和大陸深圳、東莞等四城市對接的構想，顏聰玲也為此與在大陸公部門任職，但先前沒見過面的叔叔、堂妹開啟聯絡之門；透過此一管道，至今已帶了好幾批人員至大陸，進行中國公部門和台灣產業間的交流參訪。

跨足公共政策
從地方創生看房市

從房地產跨足公共政策，長期研究區域合作、地方創生議題，以此評估房地產市場的發展，顏聰玲分析，房市和景氣一樣，會有高低循環，一般以七到十年為一個周期，但房價是區域性議題，更要著重區域和個案表現。

為了帶動區域經濟發展，縣市政府無不卯足全力招商，但很多人都曾有疑惑，到底要招商到什麼規模？什麼樣的投資才真正對區域經濟發展有所助益？許多縣市過去幾年招商不遺餘力，城市建設也多，但為何還是不敵人口外流？顏聰玲分析，政府應做到「正確的產業引入」才是有效的招商，同時，要達到「產業園區規模」的招商，再配合公共設施興建，才能帶動地區發展。

舉例來說，高雄市近年來重工業外移，但新進產業的招商基礎卻沒能銜接，很多想要到南部擴廠的廠商反而被南科吸引，位於台南歸仁的沙崙綠能科學城也有很多年輕人落腳，產業發展帶動人口回流。台南買房的主力正是這群工程師，以致近年來台南房地產比高雄還要熱，也促使高雄甚至全台的大型開發商到台南拓展版圖。

那麼，什麼是「正確的產業引入」呢？顏聰玲舉例，像是設立智慧製造工廠或機房，即使面積大，但是需要的員工少，所以沒辦法帶動地方活絡；或者，如果城市發展人力密集的服務業、旅遊業，雖然雇用的人多，但若同一旅客遊歷的次數平均不會超過兩次，效益仍舊不彰，因此重點應該放在讓消費行為有持續性，或者進一步吸引國外團，努力提升服務水準，兼顧友善、好玩、景點多等特色，讓城市每個角落都變成觀光熱點，才能一直吸引觀光客回流，支持服務業和旅遊業的發展。而要提供均衡的就業環境以帶動區域發展，除了服務業、旅遊業，還是要有製造業、科技業等二級產業。

家庭、信仰
生命中堅實依靠

肩負產、官、學交流的重要平台，顏聰玲游刃有餘，難以想像的是，她的兩個孩子幼時竟都是氣喘兒，而且都是由她自己照顧。在工作上拼勁十足的她，又是如何栽培出獨立又貼心的孩子呢？原來，身兼多職的她，為了陪伴孩子成長，有計畫的整合工作和家庭。顏聰玲回憶，她每天早上七點四十分到校，晚上六點半到七點間回家，兩個孩子下課回家不上安親班，等晚上再指導功課；寒暑假就帶到崑山邊工作邊帶小孩，孩子功課完成後就在校園玩耍，她在中場休息時，就去指導孩子的課業，因此，她的孩子可說是在崑山長大。

雖然沒有太多時間陪伴孩子，但顏聰玲重視陪伴的品質，晚餐時間一定一起用餐，重要活動也必定參與。像是女兒學校跳舞隊的比賽，顏聰玲每次都會到現場為女兒打氣；去年底跳舞隊參加台南市舞蹈比賽，她更是一大早到校擔任巧手媽媽，為隊員化妝，希望藉此讓孩子感受到媽媽的愛。

由於健康狀況難測，顏聰玲有原則、有計劃地培養孩子獨立。去年兒子考上南投的暨南大學，當時顏聰玲剛開完刀，沒辦法開車接送九月甫開學的兒子到學校，最後竟是由剛拿到駕照的兒子載著她一起去報到。原來，八月剛開完刀的顏聰玲急著出院，醫生要求她每隔兩天必須回醫院換藥，當時她就已讓兒子開車，載著她往返於台南和高雄。

一出生就領洗的顏聰玲，是虔誠的天主教徒，兩個孩子也一出生就領洗，每週日上教堂，跟著教友的孩子們一同長大，獨立又有自信。女兒兩歲起，顏聰玲更成為教堂的主日學老師，還曾任教堂合唱團團長；顏聰玲說，信仰一直是她生命中堅實的依靠，也因為天主的恩賜，才讓她能夠一路堅持。

在顏聰玲心中，從學生到醫生、曾經共事的好朋友們，都是她的貴人，像高醫大附醫免疫風濕科的陳忠仁醫師，從她生病到歷經急救、懷孕生子、開刀都一路陪伴，二十年前的學生也在她生病時義無反顧送她到高醫急診。巴巴事業董事長黃烱輝也在工作上一路相挺，亦師亦友。

雖然人生辛苦坎坷，但都有貴人無私的幫助，讓她受人點滴總想要泉湧以報。曾經有過多次病危經驗的顏聰玲，總把每一天都當最後一天過，一有機會就想認真回報眾人給予的溫暖；不管在任何崗位，都先思考對方的需求，以及自己能為對方帶來什麼，她也因此廣結善緣，為自己創造最精彩亮麗的人生。

政大
EMBA

大河之戀皇后號舵手
創業心法大公開

大朝機構、盈豐國際董事長

林湘評

■左：攝於舊金山。 中：出席2018浙江、台灣合作週歡迎晚宴。 ■右：攝於大河之戀－皇后號。

大河之戀皇后號舵手，創業心法大公開

美國作家馬克吐溫最知名的作品是《湯姆歷險記》，在日本的動畫版中，有一幕是鮮紅的輪船「馬克吐溫號」出現在密西西比河上，令人印象深刻。台灣淡水河上，也有同樣搶眼的「大河之戀皇后號」，它是國內第一艘航行於內河的五百噸級大型觀光遊輪，而這艘大河輪航行的「舵手」，就是大朝機構、盈豐國際董事長林湘評。

帶團悟四要 全面性思考

林湘評今年五十二歲，在大學時，便投身旅行業帶團，累積實務經驗，從安排客人用餐、旅遊等諸多細節中，深刻學習到「四要」——要有計畫、要比別人快、要萬無一失、要了解客戶感受，這種「全面性思考」，對他日後從事許多工作產生深遠的影響。

退伍後，林湘評繼續投入旅行社，立志不靠保障薪水，要額外幫企業創造利益，第一個月就賺了近十八萬元，相當於當時一般社會新鮮人半年的薪水。兩年後，他更與志同道合的夥伴創業開設旅行社，雖然並未成功，卻從中體認到創業維艱的道理，也領悟年輕人有雄心壯志，但不見得有好的管理經驗，也忽略對社會環境的認識，需要有更多沉潛和學習，讓未來走出的每一步都能如履薄冰。

結束旅行社事業後，林湘評步入政壇，擔任立委的私人祕書，跟著委員協助企業解決、協調問題，並接觸政府官員、商界和各領域的人物，建立起良好的人際關係，培養他擔任高階經理人的實力。

赴北京扎根 賺第一桶金

二〇〇〇年，林湘評的舅舅在中國北京投資房地產，找上年僅三十三歲的林湘評幫忙。當時在中國的台商不多，他卻選擇隻身到對岸發展，林湘評認為：「每個經濟體都有『拋物線周期』，差別只是在高點或低點。當時北京是個充滿機會的城市，積極邁向現代化，很需要建設。」儘管當時在北京的台灣人不多，做生意的門檻比上海高，但北京人比較直爽、好相處，到處是就業機會。雖然曾誤信台商經歷挫折，但他立即重新振作，下定決心要成為接地氣的北京人，積極讓自己「本土化」，也認識很多事業夥伴，就此深植人脈。

林湘評回憶，當時北京房地產飛漲，想打廣告卻受官方限制，有人建議他投資影視業，第一次投資就獲利兩倍之多。這次成功的投資讓林湘評開始跨足影視業。從投資節目起步，後來也做發行、賣影片，再找日本、韓國等公司促成多地合拍戲劇節目，又逐漸走向獨立拍攝、製片，近年則利用新媒體或合夥ＭＯＤ頻道大放異彩。

■出席深圳交易會。

■任影音公會理事長時，代表贈與江丙坤先生名譽理事長。

■出席2017東京TIFFCOM影視展。

■帶領台灣業者前往新加坡ATF影視展參展，並與影視局長官及該大會主辦單位合照。

■台灣企業菁英協進會春酒，與會員合影。

■2018年亞太支付通DOTA ONE國際數位資產交易中心啟動大會開幕致詞。

■大朝機構／盈豐國際員工春酒合影。

■中視行腳節目《我家有個總鋪師》發佈會。

■林湘評和夫人參加亞太影展。

■高雄市長交接典禮於愛河畔。

■2019年參與台灣企業菁英協進會春酒，攝於於大河之戀皇后號。

除了影視業之外，林湘評在不動產項目也大有斬獲，成功售出一筆潛在利益十足的土地，賺到人生第一桶金，回憶幸運之神眷顧，他笑稱：「我那時候都不覺得會成功。」

他利用收益加大影視投資，二〇〇九年還到海南，像當年到北京一樣掌握機會，在三亞投資開發「台灣新天地」；利用三亞是旅遊城市的特性，開了九大品牌餐廳、美食街、二十四小時便利商店，販賣台灣最好的商品，讓海外旅人認識台灣的文創特色，榮獲海南十大台商傑出貢獻獎。

掌握不動產投資脈動後，林湘評也跨足廈門投資開發酒店等商業不動產及住宅，是廈門環東海線五星級飯店群中的第一批開發案。他認為，台灣人要在中國活下來，就是要「本土化、接地氣」，不能把自己當觀光客，才不會水土不服。

跨足遊輪業 重金交朋友

林湘評始終沒忘掉旅遊業，二〇一一年成立盈豐國際，砸下千萬元買下「大河之戀皇后號」遊輪，大手筆改裝LED螢幕、音響、室內裝潢，花費甚至超過購買輪船的費用。

經營之初，林湘評還走訪上海、香港、南韓首爾、泰國曼谷等地，體驗並瞭解各國遊輪經營的成功因素。

大河之戀皇后號達五百噸、長四十公尺、寬十公尺，共有三層甲板，可容納三百餘人，除了提供美食，還聘請樂團現場表演，一旁還有淡水老街、漁人碼頭、關渡大橋、觀音山、八里渡船頭等風景，愜意而自適。

林湘評更與婚禮顧問公司合作舉辦「河上時尚婚宴」，也招攬公司舉辦尾牙春酒或派對，或與學校推出生態之旅等校外教學活動，最多曾有一年創下七萬多位遊客來訪的紀錄。由於台灣「藍色公路」法規還有諸多限制，林湘評扮演拓荒者的角色，他豁達地笑說：「這船是拿來交朋友的，多多益善。」

鼓勵員工創業
進政大充電

在公司內部，林湘評鼓勵員工「自發性尋找獲利良機」，例如在內部創業承包公司業務，自己當「小老闆」，若能提出優秀的創業計畫，他更樂意投注資金。他對幹部培訓極度重視，有機會就派駐到海外學習，也常安排參與國際會議，或是補助回學校進修。

忙於事業之餘，林湘評更不忘自我提升，在二〇一〇年就讀政治大學ＥＭＢＡ，他謙虛地說：「當時在治理公司上有些疑問，認為自己的判斷有限，想要持續精進。」在ＥＭＢＡ結識了許多共同投資、學習的夥伴，也從課堂上汲取解決方案，自我充電。做團體作業時，經常聽到各種意見，也觀察同學們的表現，進一步互通有無，加上政大有「境外教學」，可到很多國家遊歷，課程非常精彩且充實。

林湘評從學生時代就走進社會，深知「內方外圓」的道理，他也期許有志創業的青年，要有方正的心，不違背良心，並圓融對待事物和表達意見，少樹敵、多朋友，成功自然水到渠成。

台科大
EMBA

活出自己的風采
優雅如畫的女企業家

聖文森國際公司董事長
李玉華

■左：在南港老爺行旅開會照片。　■中：靜物畫「凝視・沉思」，女畫家的日常。
■右：李玉華作畫的神韻捕捉照片。

活出自己的風采，優雅如畫的女企業家

盤起烏黑髮絲，李玉華專心凝視眼前的畫布，接著拿起畫筆，輕輕在調色板上蘸染顏料，再往畫布層層上色，幾小時後，一幅繁花盛開、充滿寓意的抽象畫〈歸途〉揮灑完成！

這位多才多藝的女企業家，無論在事業、家庭、公益、進修、藝術領域都面面俱到、發光發熱，她雙眸閃亮、滿懷熱情地說：「女性，要活出自己的風采。」而她精彩的人生，就如同她的畫作般自由奔放，充滿旺盛生命力。

創業遇跳票
化危機為轉機

李玉華為聖文森國際有限公司董事長、華庭室內裝修設計工程有限公司創意總監，一路從代理歐美頂級傢飾布料，拓展成為五星級飯店量身打造軟裝材料工程，也為商業辦公空間、豪宅住家等提供設計裝潢的專案服務，然而這麼多元的企業版圖，一開始卻是空白畫布，「我是白手起家，從零開始。」李玉華笑著透露。

畢業於台北商專國貿科的她，雖是學商，卻很有藝術天分，曾從事過珠寶與建材相關產業，在一九九六年三十而立時，創立聖文森，專營歐洲進口傢飾布料，開啟居家美學大門，

「我覺得進口布料很美，如緹花布，有時美如一幅畫，我把它當成藝術品在經營，努力耕耘，從一碼布開始銷售，最後能賣到幾百碼、幾萬碼。」

那段時期，搭上台灣房地產起飛的班機，聖文森創業首年營業額就達一千五百萬元。當時，李玉華透過朋友介紹，承接一家房地產接待中心的案子，「第一個月裝修公司老闆就給我一筆一百萬元的生意，很幸運吧！」她輕輕打住，頑皮一笑，再開口：「誰知劇情急轉直下，他竟跳票了八十萬元。」回憶起這段難忘的突襲式危機，李玉華幽默以對。

既是白手起家，沒有多餘存款，如何扛負廠商貨款？「當時只好邊出貨，邊去追款，雖然追回部分款項，但對方哭喊沒錢付員工薪水，最後我決定少拿二十萬元，為對方保留東山再起的機會。」創業之初，她即使也備嘗艱辛，依然雪中送炭，只因她懂得將心比心。

這般廣結善緣，讓李玉華擁有好人緣，也把事業每個階段幫助她的人，都視為貴人，更包括跳票的廠商。「我以這家廠商為鑒，在創業首年就下定決心，絕不讓公司落入周轉不靈的窘境。」這場危機也讓李玉華想通，聖文森不能只做經銷，而應積極轉型為代理進口布料的批發商。她將危機翻轉為成長的契機，由於深具美學涵養，眼光獨到精準，赴國外採購的十組布料中，有九組都能成為暢銷款，引領台灣居家風尚，全盛時期，北、中、南有逾千家傢俱店都在銷售與聖文森合作的布料傢俱。

瞄準飯店業
另闢藍海商機

■台北市高中家長會長聯合會副總會長李玉華
拜會教育局曾燦金局長。

■獲邀至國立台北商業大學財經系講學
（時間管理）。

■中華兩岸EMBA拜會市長行程聽取市政分享。

EMBA

■業主請吃飯感謝我用心設計裝修。

■獲邀中華兩岸EMBA專題演講。
（家的溫度與個性～淺談空間美學設計）

■馬英九前總統頒發2019台北市高中學生家長會聯合會顧問聘書。

■受邀中華兩岸EMBA專題演講（家的溫度與個性——淺談空間美學設計），會後大合照。

■與台科大EMBA學長球敘聯誼。

■獲邀至國立台北商業大學財經系講學（時間管理）大合照。

■與吳世正市議員一起為教育努力。

■與前台北市教育局長、新北市教育局長林奕華立委一起為教育努力。

時光推移，邁入千禧年後，傢俱產業進入寒冬，許多傢俱工廠紛紛外移，或是關門大吉。那時李玉華兩子尚幼，與夫婿都希望留在台灣，陪伴孩子成長，因此如何另闢藍海，成為當務之急，恰好她遇貴人引薦，拿到進軍圓山飯店的門票，便順勢從傢俱工廠，轉向瞄準龍頭飯店業者，開發新客戶。

李玉華市場觀察敏銳，嗅出趨勢脈動，為把事業觸角延伸至飯店軟裝材料工程，她將旗下的聖文森以及與夫婿共創的華庭，重新定位整合，建構相輔相成的組織，「兩家公司攜手合作，就能軟硬體通吃，包括室內設計裝修工程、飯店軟裝工程、備品訂製等都能統包，且是連工帶料幫客戶施作完成，一條龍服務。」

現今她的主要客戶群有 W hotel 時代大飯店、威斯汀飯店、老爺酒店、翰品飯店等，也承接如實威科技、系微科技等上市上櫃公司總部的裝潢設計案。麾下公司串連合作，讓李玉華的企業體如虎添翼，建立對手難以超越的競爭優勢。

變形蟲經營
致力企業永續發展

外型雍容高雅的李玉華，在顧客眼中是個樂觀積極、很有毅力的女企業家：「她總是笑臉迎人，充滿正能量，與她合作讓我們很放心。」已相交二十年的客戶這樣形容她。處處為顧客著想的李玉華，遇到客戶下急單時，她會不惜吸收空運成本，盡可能滿足顧客生意需求；她也不和客戶計較枝微末節，即使生意上被占點小便宜，她就當作是服務。這番氣度雅量，讓她擄獲顧客的心。

提到企業管理，李玉華表示，「永續經營」是目標。縱析聖文森與華庭的轉型、整合與佈局，足以得知這位女企業家深諳善用變形蟲組織的彈性與靈活，不斷調整、與時俱進，以適應大環境變化。她指出：「公司的核心是設計和行銷，我們會依不同的專案，彈性整合公司組織與人才，並與外界專業團隊合作，不僅符合未來競爭趨勢，也能消化更多案子。」

由於父親在她九歲時就離世，母親靠著一家小雜貨店，拉拔五個孩子長大，讓從小歷經貧困的李玉華，更珍惜雙手打拚的成果，造就她在經營上採穩健中求發展的策略，「每一步，我都會深思熟慮，從不躁進。」她強調：「欲建摩天大廈，必先築基建架。」

李玉華也指出：「公司實力要壯大，在業界維持領先，才能擁有選擇客戶的機會。」她分享，因合作對象多為台灣飯店業龍頭，不會因短期景氣因素或政府政策轉向就收山。「此外，若顧客是業界巨擘，有助公司上下成員產生自我鞭策與成長的動力。」而完善貼心的服務，是她牢牢守住頂極客戶的不二法門。

考取EMBA
汲取同儕實戰經驗

李玉華資質過人，在二〇〇二年芳齡三十六歲時，考取台灣科技大學EMBA，成為班上年紀最小的學生，她笑說：「我考前兩周才開始讀書，沒想到高分錄取！」她不僅兩年順利畢業，還超修至五十三學分（修滿三十六學分即可畢業），從小處就能窺知她熱愛學習，且無論做什麼都全力以赴。

不過她坦言，就讀ＥＭＢＡ最大的收穫並非從書本中習得，而是能汲取同儕與學長姐的實戰經驗，「我從這些優秀的經理人身上學到很多，例如有學長將ＥＭＢＡ所學應用於企業中，讓公司營業額從二十億元倍增到近百億元，但也有同儕是中小企業，卻套用大公司架構，結果黯然收場。」這些成功與失敗案例，就像一本活字典，讓她獲益良多。

在公益上，李玉華更是不遺餘力，她選擇耕耘「百年樹人」的教育公益。她曾任台北市高中家長會聯合會副總會長，在一雙兒子就學時，擔任大安高工、師大附中國中部、麗湖國小家長會會長，贊助國語文教學教材，致力讓師生和諧，一路陪伴孩子快樂成長。此外，母校台北商業大學（前身為台北商專）的清寒與急難救助金也由她贊助，盼能幫助家境貧困的學弟妹完成學業，她形容：「投身公益，會讓自己更謙卑，也會激勵自己積極發展事業，以回饋在社會與教育上。」

享受工作 學習香奈兒精神

談到最欽佩的創業家，李玉華毫不猶豫點名香奈兒（CoCo Chanel），語氣中充滿讚賞：「香奈兒曾因二次大戰不得不關掉店面，卻未放棄熱情，在七十一歲高齡重振旗鼓，強勢回歸時尚圈，即便當時人人都在看她笑話，但她成功了，成為世界級的時尚王國，並持續工作到八十七歲！」她說：「我喜歡 Chanel 品牌，是欣賞品牌背後的精神，也希望學習香奈兒創業的精神與投入事業的熱情。」

事實上，李玉華和香奈兒一樣，都是對工作與生活懷有巨大熱情的女企業家，她說：「我非常熱愛我的工作，把工作當生活，生活當工作，但我不是工作狂，而是享受其中！」

李玉華雖對藝術極具鑑賞力，但從未系統性學習，直到一次因緣際會，赴畫室學了三個月的繪畫課程，不料這一畫，勾起她濃厚興趣，天分極高的她開始在家中自學作畫，並常為裝修的豪宅創作畫作，成為她事業外的加分題。她毫無美術背景，二〇一八年報考台灣師範大學美術系研究所，竟獲備取第一名佳績，讓她信心大增，預計二〇一九年再次進軍校園。

家人支持 專心投入每一刻

因為喜愛藝術，她除了本業外，預計將版圖再擴張至飯店藝術品的裝飾規劃，以及酒店式公寓管理發展，盼為企業江山再添幾抹新色。「另一半支持很重要，懂得自我管理更是關鍵。」她甜蜜地說：「我老公從不潑我冷水，他喜歡看我成長，鼓勵我進修，也欣賞我的成就！」她強調，台灣對女企業家是相對友善的環境。

「每個女孩都該做到兩點：有品味並光芒四射。」這是香奈兒的名言，也是對李玉華最佳的註解。她的人生經歷，已是一幅色彩明亮、洋溢豐沛情感的畫作。

加拿大皇家
EMBA

伸線設備業的保時捷
帶動產業快速升級

國聯機械董事長

陳志宏

■左：與加拿大皇家大學EMBA同學聚會慶生。 ■中：國聯機械由創二代陳志宏發揚光大，行銷全球四十餘國。 ■右：篤信佛教的陳志宏在事業經營中體會「公利成，私利則成」，凡事以公眾的利益為優先考量。

伸線設備業的保時捷，帶動產業快速升級

管理大師波特（Michael Porter）曾經說過，將社會責任與經營策略結合，是企業未來新競爭力的來源。創立超過五十年，不斷創新研發金屬線材伸線設備專業製造的國聯機械，在第二代接班人陳志宏的領導下，發展環保節能的技術，榮獲多國發明專利，屏除傳統伸線過程需經過酸洗造成大量酸性溶液，嚴重汙染環境的問題，不僅成為台灣四座環保科技園區中，第一家經審核獲准進駐設廠的企業，更以世界級的精密技術站穩國際市場，博得「金屬線材伸線設備業保時捷」稱號。

事實上，國聯機械能有今日的成功絕非偶然，五十年來篳路藍縷的艱辛奮鬥過程，可說是一部充滿血淚的奮鬥史。陳志宏回憶，印象中總是看見父親的忙碌及母親的愁容。一九六八年父親陳清吉及母親蔡銀鶴在台灣經濟環境匱乏的時代，倆人攜手創辦「吉盛鐵工廠」，從船舶機械製造、零件加工起家，到金屬線材伸線設備，父母奠定基礎，由創二代陳志宏發揚光大，從七項產品發展到二百多項產品，更從台灣台南到行銷全球四十餘國，事業

版圖橫跨亞洲、歐洲、美洲、非洲，南美洲、中東等地區。

特戰隊磨練心性 學習領導統御

一般的父母親都不捨兒子當兵受苦，總會運用關係希望分發到輕鬆的單位，但陳志宏的父親卻運用關係讓他調到特戰部隊！每日大量的體能負擔及精神壓力，卻也磨練出他堅強獨立的心性，扭轉了許多觀念。尤其，部隊指揮官更送他去受訓，培養他領導統御的能力，他在軍中也未曾讓指揮官失望，因為他的信念是：「別人看重我們，我們要更有志氣。」

退伍後，他在一家合板機械公司的設計部門工作，雖然當時退伍弟兄薪資都二．五萬元起跳，但為了學習，他選擇月薪僅九千元的工作，從圖板繪圖、上墨到學習計算及電腦繪圖，他很明白未來的定位是要做一位領導者，所以在公司竭盡所能學習，從不挑工作，更觀察老板的工作精神、態度與管理邏輯，晚上還到中山大學進修財務、企管及行銷、國際貿易，如海綿般的吸收知識。

二代接班 逆風而上

原本想自己創業的陳志宏，拗不過母親四年多的遊說，於一九九二年四月正式到公司幫

■2010年獲中華民國傑出企業管理人協會第13屆金峰獎肯定。

■2011年榮獲第9屆金炬獎年度十大企業。

■2018年接任CSU南分會第三屆會長。

■出席餐會與韓市長合照。

■2015年加拿大皇家大學EMBA榮獲校長獎。

■陳志宏受母親傲骨志向及正派的做風影響甚深。

■位於高雄岡山本洲環保科技園區的國聯機械企業總部。

■大陸嘉興國聯公司春酒。

■率團至世界各地參展。

■國聯機械50週年生日宴會向母親表達感恩。

■加拿大皇家大學台灣南區校友會旅遊及國外企業參訪。

■天道酬勤、勤能補拙，與太太及經營團隊攜手打拼，共同經營國聯機械。

■邀請福邦創投黃顯華董事長至加拿大皇家大學EMBA台灣南區校友企業領袖精英講座發表演說。

忙，開啟了二代接班。看到當時公司面臨的現實環境，深知若不積極改變恐怕難以生存，陳志宏於是決定尋求轉型，但這卻也是他與父母親關係惡化的開始。

當時公司僅有五個人，擠在五十坪大的工廠，機械生產製造的圖是用粉筆畫在牆上，老師傅看著牆上的圖組裝設備，對外報價也只是估價單加複寫紙，看著同業開始成立設計、生管、銷售等部門，且提供完整細部規劃，陳志宏深感公司落後競爭對手相當大的距離，於是開始思考訂立「公司的核心價值與核心競爭力」，結合人文成為公司文化，訂下十年發展計畫，希望改善公司過去土法煉鋼的生產模式，以及競爭力不佳等問題，但在要求購買第一台電腦及聘請第一位會計時，差一點就爆發家庭革命。

不單是父親不支持，連公司老員工對這位二代提出的改變，充滿質疑也絲毫不給面子。陳志宏說，當時他從基層做起，肩負所有管理，包括設計研發、採購生管、試車工作等，都是由他接手後才成立部門，並訂定相關規章，貼出公告後竟被老員工當著他的面撕掉，並直接丟入垃圾桶。對外面對對手無情的競爭，對內則是面對家族企業傳統經營文化及模式的阻礙，還得面對每一次的挑戰及失敗的心力交瘁，被澆冷水後的痛苦及矛盾，他先後提出了四次辭呈，但事後都給用慈心一直支持他的母親想辦法感化掉了，受母親的循循善誘及正派的作風影響甚深，他至今仍感念母親的用心。

營收成長二十倍 銷售遍及四十餘國

但事實證明陳志宏的方向是正確的。現在國聯機械的營收已超過接班時的二十倍！大陸廠二〇一八年的接單量已比二〇一七年成長四・二二倍，台灣則成長四二%，預估二〇一九年集團出貨量及營收可望再繳亮麗的成績單。

在鋼鐵業，很多訂單都是靠朋友、客戶介紹，在酒酣耳熱間建立好關係，將訂單在飯桌上敲定，因此，他經常白天工作晚上應酬，也經常跟著父親在酒攤上建立起人脈，但長期下來，他發現應酬不是辦法，如何著重在產品品質、價值及服務的提升才是關鍵。

陳志宏說他從不怕事，是來自從小到大他一直在逆境成長的際遇有關。回想第一天回到公司，父親要求他與廠長一起前往台中的客戶工廠維修設備，客戶劈頭就以三字經、五字經開罵，給了他一場震撼教育。原來客戶已買了國聯的設備，且使用上相當不滿意。陳志宏下定決心要面對及解決這個難題，因此每個月前往拜訪，真誠傾聽客戶的需求，並以誠信為基礎提出方案解決問題，在整整被罵了二年後，終於打破僵局，這家客戶深受感動，反而成為好朋友，並成為長期的大客戶之一，也讓公司的設備及技術更上層樓。陳志宏堅信「只有不努力，沒有不可能！」這也是他以不服輸、堅持做到底的人格特性促成的成果。

領導人要有理想與格局，堅持正派不違背誠信道德的原則。國聯所訂的品質政策：「不製造、不流出不良品，一次就做對，超乎客戶滿意度！」也是他一路經歷體會下制定的規範，而在國聯機械邁向下一個五十年、走向百年企業的同時，將繼續傳承這樣的企業文化，並與所有的國聯人共勉之。

陳志宏說，剛回公司的十多年，他沒有假日，每天工作最早也要到深夜十二點才下班，有時趕案子通宵到天亮，父母親看到他全心投入，漸漸做出成績，也開始全力的支持他；父親陪著他一起開拓市場，並運用他的人脈為陳志宏鋪路，母親也默默承受著財務的壓力，不讓他擔心。陳志宏白天對外開發市場，晚上回公司處理公務，但是父母陪伴他走過的日子，還獨自承受的壓力，讓他回想起來還是有很多的不捨與愧疚。陳志宏感謝父母給他這個環境，尤其，在創辦人父親的身上看到了開放的胸襟，也看到了母親的支持及不可辜負別人的態度與堅持，順應天理、敬天愛人、誠信正派、永續傳承、天道酬勤、勤能補拙。

產業邁向現代化工業4.0
堅守願景、策略、執行力

陳志宏表示，面對工業4.0的挑戰，國聯早在十年前就往智慧機械設計發展，現在更已結合大數據，積極朝向智能化ＡＩ人工智慧開發，因此國聯深具信心能協助客戶往工業4.0的智能化製造領域發展。

當初，就是想著要如何解決伸線設備的酸洗汙染公害，及減少能源耗損，讓設備能更加環保、更加節能減碳，就是這樣的出發點，讓公司不斷創新，並研發出榮獲國家及歐洲日本等國發明專利、讓市場驚豔的「合金鋼粗抽流程最新製程」，其用於大線徑（22mm～5.5mm）合金鋼汽車螺絲線材的粗抽伸線製程，具有環保、零酸汙染、節省十三道物流及大幅降低成本的效益，同時在生產中產生的大數據統計後分析，得到客戶重要關鍵的生產資訊，預先告知關鍵性零件的使用壽命，避免無預期停產，讓設備會說話，進而能自主性分析判斷，達到智慧製造。這些關鍵性技術，都是國聯機械長期培養的工程師百分百自主研發及掌握的。

目前擔任中華兩岸EMBA聯合會南區分會會長，也是所就讀加拿大皇家大學EMBA南區校友會會長的陳志宏表示，二代接班的壓力相當大，除了要比別人努力外，更要不斷充實知識，而選擇就讀EMBA，是知識與實務結合的經濟力量，並透過EMBA建立人脈、教學相長，將可串聯商務、整合資源、創造價值。

陳志宏說：「未來企業發展定位要清楚，戰略戰術要一脈分明，團隊成員合作很重要。身為企業贏家，沒有大贏小，只有快贏慢！執行效率為致勝關鍵。」未來，國聯機械將準備邁向上市櫃之路，透過資本市場的金融平台快速擴充，陳志宏更以「產業升級帶動者」為職志，為產業盡快解決酸汙染公害，同時吸納更多的資源及人才，讓員工、股東及客戶都能享受成果，朝向優質的百年企業邁進。「只有贏家才能實踐自己人生的夢想！」陳志宏說。

台科大
EMBA

執行力制勝
打造客製化建案裝潢

泰舍實業副總經理

邱庭俐

■左：泰舍建設至善元建案在捷運新莊站旁搭建城堡造型的接待中心，十分吸睛。■中：客戶到接待中心現場討論客變裝潢細節。 ■右：帶領室內設計團隊協助泰舍建設在業界贏得堅實口碑。

執行力制勝，打造客製化建案裝潢

世界知名的行為經濟學家艾瑞利（Dan Ariely）曾說：「一旦你相信每個人都不一樣，你便能了解人們對個別化與客製化的渴望，你不可能再有別種觀點了。」看到新成屋室內設計客製化的需求，早在廿年前就開始為預售屋提供一對一客戶變更、交屋到室內裝潢一條龍的購屋後端服務，由泰舍實業副總經理邱庭俐帶領的室內設計團隊，不只協助泰舍實業在業界贏得堅實口碑，更在室裝界一次又一次寫下傳奇。

泰舍實業自一九九五年即以預售屋銷售為根基，不斷創新突破，至二〇一六年以總銷二百二十億元的「至善元」預售建案，創下全台『100％協議合建』的最大協議合建都更案的紀錄。而負責此建案七百五十九戶客戶變更與室內裝潢工程的，也正是泰舍實業旗下由邱庭俐所帶領的室內設計團隊。不僅提供一對一客製化的室內裝潢服務，並讓七百多戶住戶以單戶正常裝潢期，每戶不同的設計、裝修，同時發包、施工，限期內完工點交搬進新家，更是業界罕見有人能做到的艱難挑戰。

傳統上，買屋民眾針對預售屋，等到過戶再找室內設計公司裝潢，但泰舍室裝團隊提早於客變階段進場，提供客戶室內設計諮詢服務，以順利銜接日後房屋的裝潢規畫，不僅能更貼近客戶的需求，也避免爾後再敲敲打打，造成客戶裝潢的預算浪費，也為建設公司做好售屋後端的客戶服務。

因建案地點、產品的獨特性，加上團隊一條龍優質服務，現場銷售多是透過客戶介紹客戶，成功打造口碑行銷，創造銷售佳績。然而，如此美好的願景說起來容易，做起來卻很困難。要提供七百多戶個別客製化的設計裝潢，還要在最短的時間內完成工程、同步點交，需要的人力資源、規畫管理、以及執行力，簡直難以想像。但何以別人做不到，邱庭俐卻能無懼挑戰？原來，這並非她未及慎思下的愚勇，而是早有成功經驗打下基礎。

貼近客戶需求
「沒有原則就是最高原則」

邱庭俐要求自己與團隊，須同時達成代表高價值感的「量身訂做」，以及可以「以量制價」的兩種極端模式。回想二十多年前，泰舍實業剛以房地產代銷起家，邱庭俐便開始為泰舍代銷的建案做整批設計裝潢。當時市場上流行買屋送裝潢，但因客戶不喜歡自己房子的裝潢跟左右鄰居一樣，加上不信任贈送的裝潢品質，也由於建商提供的裝潢套裝選擇有限，難以盡如人意，往往選擇折現退費。

為了讓客戶買到真正想要的裝潢，邱庭俐從那時起便決意，要做就做一對一的客製化服

■左右圖為護持向日更生人農場之剪影，除了陪讀，也不定時安排各式活動讓更生朋友們有不一樣的生活體驗，達到身心均衡發展。

■在國高中任志工團團長。

■在國高中任志工團團長。

■上、中、下圖為愛心參訪老人之家、淨灘、義賣活動等公益。

■中、下圖為山區小學製作鳳梨酥的公益義賣活動。

務。邱庭俐透過設置龐大的裝潢選配資料庫，以及媒合客戶與設計師兩端的優異整合能力，讓她成功一口氣在三個月內完成近百戶的整批裝潢工程。

本身並非設計師，邱庭俐如何扮演銜接平台的角色，一次次促成與設計師合作，並讓客戶擁有心滿意足的消費經驗？原來關鍵就在於「溝通」。邱庭俐自己陳述，她的工作就是在「幫設計師理解客戶，也幫客戶了解設計師」，誠心的將客戶的問題當作是自己的，盡心為客戶找尋解決方案，是邱庭俐贏得信賴的不二法門。如同她常掛在嘴上的一句話：「只要能幫客戶解決問題，沒有原則就是最高原則。」

但並非誠心待人就能保證一帆風順，邱庭俐也曾因承攬建案的裝潢工程，引起道上兄弟覬覦，認為有利可圖，亮槍恐嚇。最終憑著一股傻勁，邱庭俐放下身段，親自前往拜訪了解，才順利將此風波平息。

雖然歷經威脅恐嚇，仍不改邱庭俐真心與每個人「做朋友」的性格，她還是直說「很喜歡和客戶在一起。」她提及：「當你專注一件事時，並不覺得它的過程是辛苦的，遇到困境時，有勇於面對突破的企圖心，事情就不會如想像中的難，即所謂有志者事竟成吧！」

事事用心
處處皆是管理法門

設身處地為人著想，可說是邱庭俐一貫的工作態度，也因此總能讓她廣結善緣。在房地產代銷不景氣的時候，她也從事過網咖、房屋租賃等行業；二十年前經營網咖，時常會遇到斷電的狀況，但邱庭俐竟也能讓客人不鼓譟，甘願靜待電力恢復。

當時網咖員工中一名五專念了七年猶未畢業的女孩子，結交了警官男友，邱庭俐將其視為自己妹妹般關心，曾對她說：「男友帶給她這麼大的驕傲，她是否也能帶給男友同樣的驕傲？」以鼓勵員工上進；沒想到多年後，這名失聯已久的員工妹妹卻聯繫上了邱庭俐，告訴她自己已考上公務人員，正在法院服務；所謂「種善因、結善果」，在邱庭俐身上有了最具體的展現。

邱庭俐也珍惜所有學習的機會。十多年前，她曾為了照顧兒女，毅然放棄事業回歸家庭，但想繼續在經營管理領域探索的熱情不曾熄滅，邱庭俐先是利用餘暇時間就讀台北大學在職進修學分班，二〇一〇年再考進北科大經營管理ＥＭＢＡ專班研讀，一圓研究的夢。

邱庭俐與夫婿皆是虔誠的佛教徒，幾年前邱庭俐經企業界友人介紹，有機會進入「福智團體」研習佛學，雖然表面上是探索宗教信仰，但宗教論理往往也能給予邱庭俐許多管理想法上的啟發。在福智團體研讀「菩提道次第廣論」，其中所提及的「觀功念恩」，學習看見他人的功德、優點，見到他人對自身的付出、幫助，以及修正「觀光念閒」冷眼旁觀、「觀過念怨」怨責不滿的人生觀；對邱庭俐來說，此不僅是修正個人心性以成佛的途徑，也是在商場上廣結善緣，以及在企業裡管理部屬的重要法門。

更讓邱庭俐心有所感的是，她前往福智團體聽聞講道，參與課程的無不是企業大老闆，他們都肩負繁忙公務，但上課時每個人皆心無旁騖，不曾稍有懈怠或拿出手機工作，邱庭俐因此體悟到，隨順因緣、專注在當下，才是學習的真諦。她指出，過去也曾為了兼顧事業、家庭，蠟燭兩頭燒，一度感到什麼事情都想做，卻什麼都做不好，看到企業界前輩們以身作則，之後她無論身處任何場合，都專注於當下，不僅是給予共同參與的人一份尊重，也是把事情真正做好的關鍵。

有能者應多付出 公益最樂

從小長輩便期望她有能力就應盡力付出，邱庭俐二十歲出頭就一股熱血跑到家扶機構認養貧童，等到自己入了社會、有了家庭，她更積極參與孩子學校家長會的志工服務；擔任志工團團長的角色，也讓她在活動整合與志工志願的發心團結，看到更多溫暖付出的一面，也正是她向上學習的另一道路。

近年她參與福智團體的課程活動，因認同福智理念的向日有機農場同時接納許多戒毒的更生人，邱庭俐因此有機會為處於社會弱勢的更生人服務。因毒癮戒斷不容易，吸毒者往往有很高再犯比例，邱庭俐等義工陪同更生人勞動、上課及出遊，藉著組織社群、互相關懷，拉他們一把，避免重走回頭路。

談到這些曾誤入歧途的年輕朋友，邱庭俐直說他們「真的很善良聰明」、「真的很貼心」，有時只要她晚一點下班，他們還會特地從新店騎車過來建案案場，送麵包給她吃。公益善行不求回報，但見到孩子懂得反饋，還是讓邱庭俐打心裡感到無可取代的快樂。

夫婿楊岳修本於利益眾生，四十二歲即發願裸捐，志在推動公益事業，邱庭俐也同樣有厚德載物、德位相配、留德不留財的信念。例如，泰舍實業二〇一四年發起愛分享慈善會，提供急需現金、食物資助的家庭急難救助。二〇一六年又在永和、新莊、景美等地開辦「至善園」免費社區學園，教易經、親子讀經班、烏克麗麗、書法、旅遊美語、手工香皂等課程；全程免費，去年為止上課人數高達四萬多人次。

二〇一七年起提供社區學校學生自我實踐獎學金，獎勵改掉壞習慣，達成的學生每個月有五百元獎學金，持續兩個月則可得到一千元獎學金，再由校長頒發獎狀。

二〇一九年開辦「大專校園微電影—鑫馬獎」比賽，泰舍實業至少提撥三千萬元預算，邀約「救國團」、「福智」……等各大宗教、慈善、公益團體及企業共襄盛舉，想藉由學生的眼睛，發掘社會充滿的各種「善、孝、愛」的故事。

邱庭俐說，因先生發願裸捐，便一直念茲在茲叮嚀同仁做善事、利益眾生，但無論是獎助學金或鑫馬獎，泰舍發起這些活動只是希望拋磚引玉，一同回饋社會。

與人為善是邱庭俐的工作態度，也是她的人生觀。因為為人著想，讓她的服務更到位、處事更圓融，也讓邱庭俐更明白企業的使命。

自主管理
創造企業和員工雙贏

沅水企業董事長

劉信陸

■左 、中：2008年獲頒中國國民黨華夏獎章及獎狀。 ■右：2018年全額捐助舉辦高雄藝術與企業聯誼春酒餐會，劉棟大師贈與蒙娜麗莎拼布作品。

自主管理，創造企業和員工雙贏

曾任通用電氣公司（ＧＥ）執行長，有二十世紀最偉大經理人之稱的威爾許（Jack Welch）曾說：「管得少，才能管得好。」管理大師杜拉克也曾說：「注重管理不是監控行為，是要讓管理進入一個自我管控的管理機制。」而這套自主管理的哲學，正是沅水企業已力行十餘年的管理模式。

隨著公司成長，十餘年前劉信陸預測到未來個人精力不足以負擔，在一九九八年取得中國生產力中心ＣＰＣ經營管理顧問師資格後，就開始調整公司的經營方式，以與員工共同成長的方式，培養各區經理和領班獨立作業的精神與態度。

劉信陸坦言，這當然不是一個容易的決定，分區自主管理的模式剛開始會有很多人與事的紛爭，但可以慢慢改善導入正軌，事實也證明當初的決策是正確的，因為個人的生活品質改善了，員工向心力提昇了，離職率也降低，讓公司穩定經營。

謹慎評估
用新工具創造利潤

一九八五年初次接觸當時用來切割的高壓水刀機，親眼目睹戰車鋼板像豆腐般被水刀機輕易切割不同形狀，劉信陸對水刀一見鍾情，並轉型水刀技術應用於清洗的潛在商機，於一九八六年創立沅水企業，看好高雄工業發展前景，決心南下拓展市場，成為國內第一家以高壓水刀機組從事專業工業清洗的廠商。

回憶創業初期，由於水刀清洗是創新的應用，尋找客戶是首要目標，他購買經濟日報的工商名冊，尋找大動力的工廠，幫客戶試做水刀清洗藉此開發市場，用令人驚豔的效果創造口碑，客戶從石化廠延伸到發電廠、營造業；而後發展應用水刀除鏽油漆，為國內領先開發此業務的廠商，舉凡中鋼、中美和、中油等國內各大鋼鐵廠、石化業都是沅水企業多年的客戶，而長期互動與專業、熟練帶來互信，甚至有三十五年前的老客戶至今仍在服務。

劉信陸認為，做工程要隨時接受新的資訊、工具和工法。他回想曾標到環河快速道路除鏽油漆工程案，當時引入高空作業車，省下搭鷹架的費用，做完再把高空作業車賣掉，也獲得相當的利潤；還有，早期清洗瓦斯管線積存的煤焦油，都是人鑽進去清理，危險性極高，後來沅水首創以高壓水刀機組清理，安全又快又乾淨。

回想二〇〇五年承接總工程費高達二．三億元的某石化集團搭架水刀除鏽油漆工程，原

■榮獲第35屆青創楷模及相扶獎接受馬英九總統於總統府頒獎。

■榮獲中華民國第35屆青創楷模。

■CSUs企業參訪中信造船韓碧祥董事長及韓育霖副董事長。

EMBA

■榮獲中山大學104校級與管理學院的傑出校友。

■中華民國創新創業總會楷模高雄澄清湖高爾夫球場聯誼。

■夫妻參加太魯閣馬拉松全馬42公里完賽證明。

■親愛的家人！我升級了。

■邀請中鋼公司翁朝棟董事長分享台灣產業如何延伸競爭力。

■為恩師蔡憲唐老師成立中山蔡氏家族。

■中華兩岸EMBA南分會成立大會。

■沅水公司尾牙餐會。

本預估可為沅水挹注七至八千萬元的盈餘，結果卻慘賠六千多萬元。原來，小企業的經營模式就是誠信，但對於合約過於疏忽，再加上過於信任口頭承諾，不合理的申訴又需過五關斬六將，卻始終找不到合理的解決方式。劉信陸建議小企業不能只選擇業務，更要選擇客戶，有多大能力，承攬多大業務。

劉信陸也分享在雲林台西建廠，對政策及社會情勢的誤判經驗。回想當時經濟部將台西定為中油國光石化、台塑鋼鐵廠兩大開發案的預定地，他因此於二〇〇七年投入逾億元在台西興建自動噴珠除鏽油漆廠。想不到環保團體極力反對重工業進駐台西鄉，政府也束手無策，讓兩大投資案轉向東南亞，導致台西廠潛在業務機會大縮水，再加上隔壁養雞戶的無理抗議，公權力不彰，於是結束台西廠業務，將台西廠房分割出租。

劉信陸也提醒企業經營者，要把風險當做成本，做好員工和資產的保險，也要考慮投資和承攬的風險，不能因為一次事故影響到企業的運作；對員工的責任他也總是銘記在心，更曾多次透過公開演講呼籲政府首要照顧低收入勞工，尤其是有卡債的勞工，在卡債的逼迫下無法好好安心上班工作；沅水並以員工的安全和健康為首要考量，透過設計和研發將勞力工作盡可能自動化或半自動化，減輕員工的負荷。

社團經營
EMBA交流平台

除了白手起家創立沅水企業、沅美營造，劉信陸用心於建立中山大學ＥＭＢＡ的交流平台及校務相關推動，不只是中山大學ＥＭＢＡ共同集資的西樓文創事業及西灣天使投資公司的董事長，也是國立中山大學校友總會的秘書長，以及中華民國兩岸ＥＭＢＡ聯合會南分會創會會長，更是中山大學二〇一七年招生的企管在職博士班（ＤＢＡ）第一屆學生。

就讀中山大學第九屆ＥＭＢＡ的劉信陸，回想起二〇〇八年擔任中山大學Ｅ聯會與高球隊總幹事，負責承辦第五屆全國ＥＭＢＡ高爾夫球聯誼賽，在用心的奔走運作下，學長姐捐贈的捐款、贈品很多，甚至還有一桿進洞獎LEXUS RH-350休旅車，該屆賽事花費近千萬元，也讓中山大學吸引了各校ＥＭＢＡ的目光，因此在卸任後幾年，成大、中興承辦此類賽事也都來電邀請分享承辦細節。

二〇〇八年ＥＭＢＡ畢業後，劉信陸二〇〇九年又接任工商建設研究會南區會長，以及中山大學高雄市校友會第三、四屆理事長，計畫性的持續為兩邊引介人才，擴大兩會平台的人際交流與服務；並仿台北四校合辦高球賽的模式，於二〇〇九年成立南區EMBA GOLF跨校聯盟，為南部七所學校ＥＭＢＡ輪辦比賽的開端。

校友會凝聚向心力
辦早餐會專題演講

在擔任中山大學校友會第四屆理事長期間，劉信陸創辦每月一場「早餐會專題演講」活動，仿TED十八分鐘演講，邀請學有專精的學長姐或外聘講師，以科技產業、藝術鑑賞、醫療養生等多元題材發表演說，受到許多學長姐的支持，不論晴雨寒暑從不間斷，二年間共舉辦二十四場早餐會，也吸引其他院所的老師及學長姐參與，成為中山大學校園一大盛事。

由於承辦全國EMBA高爾夫球聯誼賽時，認識各校的EMBA學長姐，二〇一五年中華兩岸EMBA聯合會（CSU）成立，劉信陸從籌備會就開始參與，受邀擔任第一屆常務理事及第二屆副理事長，並於二〇一六年四月在總會交付任務後，七月即召集南部學校EMBA代表，成立CSU南分會，並擔任南分會創會會長。

CSU南分會從第一屆的二百五十餘位會員，至今邁入第三屆，會員數已拓增至近六百位，看著CSU南分會從無到有，劉信陸期許未來有心為團體奉獻服務的幹部，都能以熱忱、和諧、學習做好服務工作，大家一條心建立平台，共享平台提供的資源與合作的機會。

目前，CSU南分會有三個社團，分別是高球隊、生活藝術社和公益慈善社，劉信陸分享，曾透過公益長的安排，集合EMBA學長姐的愛心，探訪南家扶中心等慈善機構；在生活藝術社活動中，提供自己收藏的印石跟大家共賞交流。

劉信陸說，CSU南分會就是跨校的EMBA大家庭，有努力不懈的汗水、喜極而泣的淚水，還有每一次的溫暖與回憶。劉信陸也鼓勵CSU南分會的成員參與社團活動，在事業工作外有不一樣的平台，一群理監事與顧問一起為會員服務集思廣益、一群幹部一起為拓展會務合作打拚、全體會員一起同聚共享成果，在幫助別人之中，也帶動自己成長。

從戈八挑戰
看到達成目標的意志力

喜歡打高爾夫、登山的劉信陸，曾經參加第八屆玄奘之路商學院戈壁挑戰賽（戈八）。當時是校友會理事長的他，從原本計劃參加C組陪走一天二十八公里，到後來參加A組競賽組，完成四天三夜長達一百一十二公里的戈壁徒步穿越挑戰。更驚人的是，在同行紛紛掛彩回台灣休養生息之際，他隔天居然還一個人留在西安，轉戰傳說中「奇險天下第一山——華山」的北峰、東峰、中峰、西峰，其體力及意志力著實令人驚嘆！

當年，預計五月二十日參加戈八，劉信陸從三月起認真訓練，從每日走十公里逐漸提高到二十公里，常常凌晨二點起，走到上班時間直接去公司，若晚上有聚餐，就改從下午四點從小港的公司走到市區聚餐地點，聚餐後又走回家，持續不間斷地鍛鍊自己應賽的體能；出發前更是在大熱天下每天走七至八小時，連續四天每天走四十公里。原來，劉信陸一旦設定目標，就會持之以恆地達成。

劉信陸達成戈八挑戰的目標並堅定前行的做法，及低調並擁有豐富熱誠服務的親和力，正是他在企業、社團及個人生活經營上，都能使命必達，帶領團隊及個人生命走向夢想所在之地的重要心法。

佐禾建築防水塗料放眼世界

佐禾實業總經理
張弘龍

■左：送愛到偏鄉一捐贈嘉義縣大崙國小塗溝分校校園翻新工程。 ■中：台灣營建防水技術協進會（WTA）第九屆理事長。 ■右：中華兩岸EMBA聯合會南分會第二屆理事長。

佐禾建築防水塗料放眼世界

愛因斯坦曾說：「人生的價值，應當看他貢獻什麼，而不應當看他取得什麼。」佐禾實業總經理張弘龍亦奉此為人生的座右銘。他時常感念父母的用心教育及栽培，太太的全力支持，及同心協力一起努力打拚的公司同仁，內心期望能提昇自身的能力進而照顧更多的人，盡一己之力為社會貢獻所能。

曾在建築工程領域有多年歷練的張弘龍，看到建築工人施作塗料時必須忍受刺鼻的氣味，本著「健康、無毒」的理念，從所喜愛的物理化學領域著手，以「利人」為出發點，專注於建築領域壓克力水性環保塗料的研發與推廣。

張弘龍帶領專業生產壓克力長效防水塗料、建築地坪、牆面塗料等水性環保建材的「台灣佐禾實業」及以生產特殊補強砂漿的「台灣佐根建築材料」兩間企業，其所開發的產品品質與國際大廠相等，是國內建築防水塗料的知名廠商。

建築工程起家 轉向樹脂塗料建材

「就像開車時不能只注意前面那部車，必需再往前看」，小學就展露數學天賦的張弘龍，打定主意往理工方向發展，國中時就設定目標要考上台、清、交、成等知名國立大學。但高中聯考時卻因為作文題目當下無從發揮，以些微差距沒能考上雄中的他，因本身對於建築工藝有著深厚的執著，而選擇就讀正修工專土木工程科。

正修工專畢業後，他到左營海軍的工程單位服役，主要負責工程監造。以近兩年的建築監造經驗，退伍後就受到營造廠重用，承接了中華民國第一件眷村屋瓦房拆除，改建成二層樓透天的工程，當時二十二歲的他從放樣、拆除到設計、隔間都是自己獨力製圖監造，之後因緣際會到另一家建築集團負責二千坪俱樂部新建內裝工程監造，學習到國際化的內裝設計，也為自己存了一筆錢，決定出國留學深造。

二十四歲時出國留學，張弘龍原本計劃念大學再攻讀研究所，選擇氣候較暖和的佛羅里達州立大學，但還未念研究所就把積蓄用完，所以決定先行回國發展，未來再完成進修。

從美國回來後，張弘龍因緣際會承接知名集團飯店興建大樓造成的鄰房損害修繕工程，當時為了請款，用自己名字裡「龍」的英文，申請了「佐根工程有限公司」，很順利的完成公司登記並有發票向廠商請款，因為取得業主的信任，處理了近百件鄰損案件。他回想，當時除了修繕，還要找土木技師、結構技師去鑑定，幫忙估價、修繕、以及和解金調解，充分學習到培養耐性、管理和溝通協調的能力，同時間還幫親友蓋了二棟透天別墅，儘管當時才廿六歲，又是新創公司，但手邊的案子一直維持在六、七個以上。

■中華兩岸EMBA聯合會南分會(CSU-S)參訪台肥公司-康信鴻董事長(左二)。

■佐禾公司代理德國KOSTER 台北建材參展。

■佐禾實業有限公司全體同仁。

■捐贈漢明慈善會。

■中華兩岸EMBA聯合會南分會(CSU-S)第三屆會員大會。

■張弘龍、林碧慧賢伉儷。

■高雄南區扶輪社響應捐血活動。

■好友參觀張弘龍先生收藏品。

■高雄南區扶輪社入社授證儀式。

■美國陶氏化學(DOW)上海研究中心參訪。

■中華兩岸EMBA聯合會南分會北京參訪。

在這個積極衝刺事業的階段，許多北部知名的大建商集團都找他報價承攬工程，他也秉持著「誠信報價、用心管理、堅持品質」的理念，每天早出晚歸，將人生的重心全放在事業上。直到民國八十三年政府提出一坪六萬元的住宅政策後，因為違反自由經濟，造成全台的營建業陷入低靡。當時，公司也有近千萬的工程款和材料款無法請領到，有感於營建工程的複雜及受景氣波動性的影響，毅然決定減少承接工程案，專心經營建築材料生產及代理。

因考量工人施作工程的安全性，張弘龍當時鎖定在美國求學時接觸到的環保、無氣味「水性壓克力樹脂」，在太太的協助下專心學習國外技術及產品的配比研發，並親自站在市場第一線全省跑業務，也租下朋友的土地蓋大型廠房，在用心努力經營五年後營業額成長一倍。

堅持耐久 長效品質吸引德日合作

公司深耕耐久壓克力防水建材、特殊補強砂漿逾廿年，張弘龍分析，土木建築本體是物理結構，建材屬化學領域，防水材料的目的是應用化學的特性為建築結構物理性的變化做補強，而且通常是補強在PH值達十二到十三的強鹼混凝土內，所以材料的耐鹼性、接著、耐久性都是產品相當重要的元素。

然而，為了推廣高品質、耐久長效性的產品需付出的成本較高，「講究品質的人，要把規格下降真的很痛苦，所以只能薄利多銷，相信國內重視品質的建築營造業主會採用，未來能再進一步創造外銷市場。」張弘龍訴說其堅持品質經營的心路歷程。

張弘龍對品質的堅持，也吸引到同樣堅持品質的國內外廠商。當德國第一大防水集團KOSTER知道台灣有一位對樹脂建材品質非常要求的專業人士，主動找上佐禾公司談合作，經過一年的洽談，將代理權簽給了佐禾；除此之外也有一家日本的公司採購佐禾產品將近二十年。

近來，佐禾有突破性的新產品，與美國陶氏化學合作，針對屋頂露出工法研發的隔熱防水塗料，於二〇一五年施作於竹科二期七千平方米的屋頂，經二年的實測，因隔熱效果良好，竟降低三三%的冷氣用電。這項產品降低防水塗料的導熱性，兼顧防水、環保、節能省電又能讓室內不悶熱，可說是防水塗料技術的一大突破。

相較於建材市場上很多防水產品沒有正確標示耐久性等，但在對耐久品質的堅持下，佐禾所有產品的物性、化學、接著、耐候等規格都經SGS檢驗合格，並根據不同材料和設計加強測試，嚴格的程度可說是業界翹楚，在市場上也獲得使用者的口碑肯定。

二〇一五年擔任台灣營建防水技術協進會（WTA）第九屆理事長，張弘龍在任內與內政部建築研究所及多位防水業界前輩重新編修出版了防水界聖經——《建築物防水設計手冊》，並舉辦防水材料和施工的課程，以及與國內外建築界、營建界的交流活動，希望能為提升國內防水業界盡一份努力。他分享，日本建築的漏水率低於一%，台灣建築漏水率相對高很多，防水塗層的厚度、耐鹼及耐久性不足是很重要的原因，他也希望建築營造業主能疼惜防水包商，提高工程單價，採用耐久型防水塗料，相信漏水率一定能降低至五％以下。

家庭充滿愛 父母影響一生

回憶家庭生活，張弘龍對父母有著滿滿的感恩和敬愛，父母待人寬厚、許多的諄諄教誨也深深影響他，並成為他日後立身行事的準則。自幼家境小康的張弘龍，記得在念小學一年級時，有一次父親騎車接他回家，經過校門外的公車站時，看到有位阿嬤和她的孫子焦急的翻著包包，父親關心後了解是車票弄丟了，當時車資只要一到二毛錢，但父親卻給他們五元，當下讓他深深感動到父親的善良。

張弘龍母親勤勞檢樸，非常務實，一路對張弘龍的支持和引導讓他感受尤深，母親常掛在嘴邊的就是「要做憨人，給天公疼」，這樣的態度也對他日後做事的方式有很大的影響。然而，媽媽卻在他三十三歲時因為膽囊發炎的小手術而離開了，讓帶媽媽做手術的他自責不已，走出傷痛後的他決定將悲傷化為力量，延續對媽媽的愛，要對身邊的人付出更多體諒和關懷。

張弘龍用「真、善、美」來形容太太。以捐款來說，相較於他在幫助別人時是興之所至，會極盡所能、不計較的大方盡心待人，而太太則是有計劃、持續性的固定幾個慈善單位長期捐款，太太的無欲則剛和大智慧，對照他的熱情隨和，兩人在個性上的互補，同心協力一起經營事業，協助公司經歷無數考驗。

EMBA與扶輪社開拓經營視野

由於國中同學百分之七、八十都是從台大、成大畢業，在事業上有基礎之後，張弘龍於四十五歲時考取成大EMBA高階企業管理碩士班，繼續充實進修，因此獲得許多與各行各業交流的機會，提昇自己企業經營視野。

在成大念EMBA時期，張弘龍擔任成大高爾夫球隊隊長，也以其一貫使命必達的態度，讓當時成大的球隊因更多同學加入而熱絡了起來；EMBA畢業後著眼於領域廣、有學習性及服務的機會，張弘龍參與中華兩岸EMBA聯合會南分會（CSU-S）的成立，並於二〇一六至二〇一七年擔任CSU南分會第一屆活動長，及第二屆會長，任期內舉辦各式活動以串聯南部各校聯誼，吸引了各校EMBA加入CSU南分會。

學習父母為社會默默貢獻的精神，張弘龍十多年前就參加扶輪社活動，看到許多大企業家展現謙虛及服務精神，他也把在扶輪社所學習到的，運用在EMBA等社團，期許能修己的品德、修己的智慧、終身學習、終身善行。

成大
EMBA

不同凡響的
保險企業家
以專業造就台灣之光

富邦金控／富邦人壽區經理
楊美娟

■左：榮獲「台灣 MVP 百大經理人」殊榮和處經理鄧鈞鴻合影。 ■中：榮獲富邦人壽年度主管第一名。 ■右：擔任世界華人保險慈善公益推廣會公益大使和理事長秦榮華合影。

EMBA

不同凡響的保險企業家
以專業造就台灣之光

面對工作，你是懷抱什麼樣的態度？從踏入社會的第一份工作開始，富邦人壽區經理楊美娟就懂得學習的重要性，從不急於計較眼前的實質利益，而是不斷累積職場上的經驗，朝業界頂尖的目標邁進，這樣的工作態度，讓她寫下公司十八次年度冠軍的傲人成績、獲選台灣保險業首位MVP百大經理人、IDA國際龍獎首屆終身會員，更連續二十一年獲全球保險業最高榮譽指標MDRT資格（其中十二次TOT即頂尖會員，達標六倍），不只是亞洲以最短時間獲終身會員，甚至榮獲美國MDRT總會邀請擔任年會講師，堪稱「台灣之光」！楊美娟沒有董事長的頭銜，卻擁有許多企業家難以企及的成就，被業界稱之為難以突破的「美娟障礙」，可說是一位不同凡響的保險企業家！

保險之路
專業規劃

當年頂著二十六歲就當上外商金融機構經理的光環，楊美娟毅然轉換跑道，投入保險業，一切歸零，始於父親的一份停效保單；她深感保險的重要，剛好有機會到保險公司參訪，沒想到原本觀摩一陣子，卻做了一輩子！「當時的我，不能理解為什麼在國外被認為非常專業的保險從業人員，在台灣卻被大家輕蔑地稱作『拉保險的』？這個被人瞧不起的行業，提供符合眾人需求的保障，事實上是人人需要，可是常被拒絕，以至於初期總吃閉門羹，碰了一鼻子灰。」

「每個人甚至家庭，都應該要有一位專業的保險顧問，提供最適當的規劃與服務，而我應該可以成為這個人。」每一位客戶，楊美娟都認真地為他們做好資產傳承、家庭、健康的保障以及子女教育的規劃，並且將相關權益解釋清楚，讓客戶知道自己的錢花在哪裡。「永遠比別人多工作一分鐘」，是她多年一貫的工作態度，不會讓業績變成壓力，永遠都以冷靜且雙方歡喜的方式作出規劃。

因此，入行半年後，楊美娟從只做保障型商品，提升到能為客戶做好理財配置、財富傳承，同時一邊轉型、一邊上課學習，並且聘請私人秘書協助客戶服務。三年後，楊美娟的客戶群已超過五百人，而且以企業主、專業經理人為主要客戶，成為中小企業主最信任的財務顧問，迄今，其客戶人數已破千人，這甚至是在控制之下的數字！

楊美娟將保險視為事業，花很多心力服務客戶，除了是客戶心中最專業、最值得信賴的理財顧問，當他們遇到健康醫療、學校教育、律法稅法、資產傳承等問題，也會向她諮詢、請她協助。楊美娟笑著說：「我常常像鄰家小女孩般隨時出現，而不是只在客戶需要找我時

EMBA

■榮獲「成功大學優秀青年校友」，蘇慧貞校長親自頒獎。

■捐出著作登峰版稅於母校成功大學管理學院。

■和成功大學各校友會分會長會務交流後於榕園合影。

■楊美娟(右一)擔任 CSU秘書長，與宋貴修創會理事長(左一)、施振榮先生合影。

■我最愛的CSU秘書處好夥伴。

■連續5年任北市國小學生家長會聯合會財務長，為教育界奉獻心力。

■美娟團隊協助南投地利國小募款，順利展開改良工程。

■推廣「小珍珠計劃」幫助台灣兒童。

才看到，對很多客戶而言，我是他們永遠的好朋友。」

最佳選手 最佳教練

「我從事一個入行極為簡單但卻不容易成功的工作，而能夠把一個平凡的工作做到極致，這就叫做『專業』。」楊美娟矢志成為業界典範，也因為一直秉持這樣的態度與目標，二十一年來，她年年都交出漂亮的成績單，並於二〇一一年榮獲「台灣百大ＭＶＰ經理人」，成為保險業界有史以來首位獲獎人。這份獎項不僅代表著楊美娟個人的表現優異，更肯定其團隊領導力，懂得經營管理，創造出卓越的整體績效。

楊美娟說：「在加入保險業三個月後，我就確定這是個值得永續經營的事業，保險業的專業，如果只靠個人，只能幫助有限的客戶，所以我擴大自己的價值，帶領夥伴、複製專業，幫助團隊成功，也就可以幫助到更多的家庭！」因此，楊美娟重視團隊的專業與成長，旗下直轄有一百二十名子弟兵，整個家族團隊目前已經突破六百人；她曾經連續十八次獲得年度冠軍，形成業界所謂「美娟障礙」，團隊每年的定著率高達八〇％，更堪稱業界之最！難怪國內某知名財經雜誌曾封她是「最佳的選手，最棒的教練」！

永不鬆懈 站上國際

保險從業人員唯有經過MDRT的認證，才會被認可為高手。在亞洲，只有一%的保險從業人員擁有MDRT資格，在楊美娟的團隊中，超過三分之一成員都是美國MDRT的會員。而楊美娟更是年年取得MDRT會員資格，代表她面對最愛的保險工作，毫不鬆懈，永保專業。

從入行第一年起，楊美娟就決心挑戰MDRT，全心投入九個月，就提前達到當年MDRT的業務要求！自此，她打定主意，爾後年年完成不缺席，因為除了榮譽加身，更可藉由大會安排的年會和全世界頂尖財經顧問專家交流，了解先進國家正在進行的議題，以最專業的態度和熱忱服務客戶，持續深耕。

二〇一八年六月，在美國洛杉磯一場聚集七十二個國家一萬五千名會員的MDRT大會，楊美娟獲邀以台灣講師之姿，站上國際舞台分享高端客戶的服務與規劃，該場演講人數爆滿，贏得滿堂彩，為台灣再創榮耀紀錄！

全球講師 勤做公益

傑出優越的表現，讓楊美娟成為統一超商經理、投顧經理、國內外各知名企業特聘講師、商業周刊超業講堂特聘講師，甚至榮膺財團法人中華保險與理財規劃人員協會副理事長，並擔任今年十月在TICC舉辦的全台最大金融保險論壇的大會主席。

翻開楊美娟的行事曆，排滿一場又一場的演講邀約，其中不乏國內、外知名企業，尤其是來自對岸的公司，「從入行第六年起，我就開始兩岸交流分享經驗，在中國的保險、金融產業也收了許多徒弟，很欣慰的，多數皆已在專業領域上卓然有成。」她笑道：「未來，我要花更多時間在台灣，服務客戶、培育新人、持續深耕本業，進而回饋社會勤做公益。」

「小成功靠個人，大成功靠團隊。」做公益也是一樣。在保險業做得愈久，愈感覺到這個行業了不起的地方，因為保險，建立起許多人脈的平台；因為保險，懂得服務的真諦並且懷抱著熱情；因為保險，更懂得珍惜彼此；所以楊美娟擔任世界華人保險慈善公益推廣會公益大使，和前監察院長王建煊一起推動「撿回珍珠」計畫，十餘年來基金會已經幫助六千多名清寒學生完成高中學業。她希冀自己能發揮穿針引線的功能，結合各方資源一同幫助他人，回饋社會。

幕後推手　閃亮招牌

由於從事金融保險工作，楊美娟比別人更加體悟生命無常的道理，父親早逝，她更加珍惜母女情緣，因此，二〇〇六年，想再重返校園進修的她，選擇了鄰近老家南部最棒的學校「成功大學ＥＭＢＡ」，在成大進修的這段時間，她雖辛苦南北往返，但獲得了學問、專業，更賺到了時間和親情，以及歷屆學長姐之間的情誼和師長們的肯定，更於二〇一六年榮獲「成大優秀青年校友」，由蘇慧貞校長親頒獎狀！這一切她感恩在心、以身為成大EMBA一份子為榮，所以和好同學沈麗雪一同協助創會長成立了「成功大學台北EMBA校友會」，整合各屆校友資源，擔任校友會會長，成為榮譽理事長，之後又協助催生「中華兩岸EMBA聯合會（CSU）」，竭力建立系統推動各校之間友誼、專業、資源等會務交流，成為台灣第一個EMBA社團法人。

樂當幕後推手的楊美娟，說起CSU這個EMBA聯合會，滿滿的歡喜，細數歷史，在CSU成立後的前兩屆擔任秘書長，和創會理事長宋貴修先生一同建立制度，取得商管聯盟認同主辦鐵馬遊台灣大會盟、開啟首屆兩岸EMBA論壇進行交流、舉辦EMBA企業博覽會創造會員商機，同時和秘書處團隊共同協助成立CSU南部分會，讓版圖拓展到南台灣，縱使目前擔任會務總顧問，仍持續與各校學長姐們攜手為CSU打造一個資源共享的平台。

在EMBA的師長眼中，「團隊、公益、成功」儼然成為「楊美娟」的代名詞，問她如此付出的動力為何？她以保險工作為例：「對外人而言，保險顧問可能是簡單的業務工作，但我卻相當認真，當成終身事業在經營，每天除了要服務客戶，還要培養轄下百餘位好夥伴，建立『美娟團隊』專業品牌，更不忘連結資源做公益回饋社會，這樣的工作看起來既複雜又辛苦，但歷時二十一年卻仍樂此不疲，因為我一直懷抱感恩之心，由於客戶的支持、長官的肯定，才讓我可以奉獻己力。」對於社團，楊美娟也是用一樣的心態，秉持公益回饋的初衷，盡己之力、全心投入，希冀為教育、為社會帶來正向的力量！

追求完美無國界
用信譽打造事業碁石

惠友建設總經理

黃才丕

■左：黃才丕面向日月潭尋找下一個建案的靈感。 ■中：領養的愛犬一威力已經13歲，在辦公空檔與牠對話，療癒。 ■右：黃才丕參加后里花博馬拉松接力賽。

EMBA

追求完美無國界，用信譽打造事業碁石

你對建築的想像是什麼？設計出京都車站、大阪「梅田天空大樓」等重要代表作的原廣司，擅長以建築為主體，不斷為人的生活創造各種可能性，其作品不只洋溢前瞻性創見，每次發表新作，更引起熱烈話題，讓他成為日本最受矚目的當代建築宗師。

而今，建築迷若想一睹大師作品風采，再也無須遠渡重洋跑到日本朝聖，因為向來堅持高品質的惠友建設總經理黃才丕，早已克服萬難請來原廣司操刀，為台灣引進國際級大師的視野。

高規格看待每個建案的惠友建設，從台中一路跨足新竹，推案量不多，但建材、品質及售後服務都受到市場肯定，也擁有一群死忠的老客戶。因為黃才丕經營的重點是「信譽」和「商譽」，而不只是經營建設公司賣房子。

商譽累積創業資本
震後更見真實價值

逢甲大學建築系科班出身的黃才丕，退伍後在業界歷練，先後任職於建築師事務所及建設公司，並曾在太子建設擔任行銷、企劃及市場研究，離開後自行創業，成立房屋代銷公司。

憑藉對房地產業的創意及熱情，讓具備建築專業的黃才丕，甫成立代銷公司就創下佳績，加上他為人誠信，處事有條有理，不僅深獲客戶信任、迅速累積第一桶金，更建立自己個人的信譽。也因如此，在他決定更上層樓、成立惠友建設公司時，一群昔日服務過的客戶聞訊後，都紛紛捧著現金前來要求入股，原因無他，因為一直以來，投資者所投資的對象都不是錢，而是經營者的信譽及商譽。

黃才丕謙卑地說，他一個人資金、能力其實有限，但憑藉著之前累積的個人信譽，讓眾多股東願意支持他，因而造就出事業的支點，一步一腳印撐起今天的局面；直到今天，股東對他依舊是百分百信任，他很珍惜這樣的關係，他以如履薄冰的態度更加認真經營，唯恐辜負了股東的交託。

母親言教身教
形塑惠友成幸福企業

黃才丕之所以如此重視品牌信譽，也跟母親的言教、身教息息相關。從小在嘉義六腳鄉蒜頭村長大的他，七歲時父親就過世，原本家境小康安和的童年，瞬間破碎，母親一肩扛起家庭重擔，獨自撫養六個小孩。

黃才丕回想，母親同時扮演嚴父加慈母的角色，對小孩的教育及人格養成非常重視，並

■竹北「原見築」一完成原大師的第2棟，無印空間，零拘束生活，自然舒壓美學住宅。

■竹北遠見一完成原廣司大師在台灣第一棟建築，完成心中的願望。

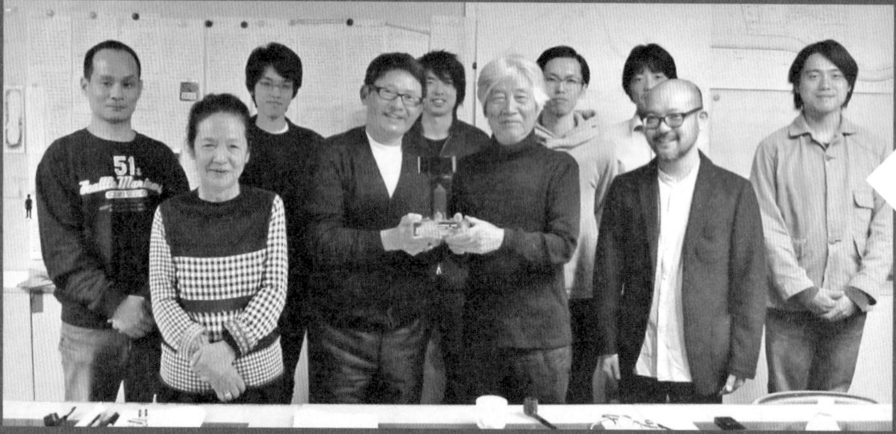

■原見築獲得國家卓越建築獎，專程把獎盃帶到日本與原老師賢伉儷分享。

■惠友建設員工到日月潭單車環湖。

■惠友建設原見築完工酒會。

■黃才丕認為光與影的變化也是建築的元素。

■黃才丕與原廣司老師精心討論建築細節。

■蘇格蘭一聖安卓老球場打球，成績還不錯。

■小兒子在美國紐約大學畢業合照。

■英國愛丁堡第一次穿裙子。

首重誠實，認為誠實是一切品格的基礎，也是成功人物的最大條件。母親還要求今日事今日畢，功課沒寫完之前，都不可以有任何遊樂玩耍，這是要小孩們學會對自己負責，因為人生的功課永遠要自己面對。

黃才丕說，童年時曾擔任班長，受託保管班上的排球，有一次把排球帶回家，吆喝一群小孩開始玩樂，結果母親看到了，把他痛打一頓，然後扭著他到學校，當面痛罵老師和校長，意思是不該把不屬於小孩的東西任他帶回家，同時還告誡校方：「我的小孩是來學校讀書及學做人道理的。」

還有一次，黃才丕私自由母親的皮包偷拿了兩塊錢，跟一群小孩去玩抽抽樂，結果抽得一大堆獎品帶回家，跟兄弟姊妹分享，母親知道緣由後，當然也是棍棒伺候，幾乎打得黃才丕體無完膚，邊打邊說：「以後我老了，沒力氣打你了，但你要永遠記得這教訓。」

怕小孩沾染惡習，連母親的大哥來拜訪，喝了一些酒，母親也把他趕出家門，警告他：「如果來我家要喝酒，就請不要來了，我不想我的小孩學會酗酒。」結果舅舅灰溜溜離開，以後再來訪，再也不敢提酒的事。

母親的教養，薰陶出黃才丕穩扎穩打的踏實態度，而這樣的態度不僅讓惠友建設創立之初就寫下好口碑，更成功度過房地產危機。

他談及，一九九九年的九二一大地震，不只造成台灣多棟房屋毀損，更震垮了一堆建設公司，惠友建設也難以避免地受到影響。憶起當時，黃才丕說，原本那時有兩棟預售大樓，本來已經銷售近八成，結果因為突如其來的大地震，瞬間慘遭退訂，只剩下五戶因對於惠友的品質信賴，堅持不退。也正是因為這五戶，加上惠友建設長久以來在住戶間的口碑，感動了銀行，銀行經理還特別跟他保證不會抽銀根，要黃才丕安心動工，後來果然如期交屋，也全數完售，讓公司安然度過危機。這次危機也讓黃才丕體會到信譽、商譽的重要，他強調這才是企業真正的資產與價值。

如今，黃才丕的事業版圖已經擴大到餐飲業，旗下有著名的阿官火鍋、元手壽司、咖啡廳，甚至還有自己的咖啡烘焙工廠，集團企業旗下員工已經接近五百多人，規模甚至已經超越一般的公開發行公司。

攜手建築巨擘 惠友打造國際級建築

坐落於竹北高鐵站前的現代化商辦大樓「惠友遠見」，即是惠友建設的代表作。從高鐵站的玻璃帷幕一眼就可以看見它，沉穩地聳立天地間，這是用空間和美學打造京都藝術車站的日本當代建築巨擘原廣司，在台第一件作品；後來，他和惠友建設再合作純住宅設計案「原建築」，更是原廣司於全球獨一無二的私人住宅大樓作品。這兩棟風格獨具的建築，是目前大師唯二在台的作品，也正是這兩棟作品，讓台灣躋身收藏世界級建築大師作品的國際城市之林。

建築，是人與空間、環境的對話；建築反映居住於其中人們的憧憬、夢想及胸襟，同時也滿足人們對於自然的體驗與關懷；「竹北遠見」與「原建築」，現在幾乎已經成為竹北地標，同時也是許多建築迷想一睹大師風範的朝聖地。

不少人好奇，惠友建設當初是如何為台灣與國際級的建築宗師牽上線？黃才丕回想當初計畫前往日本尋求大師的協助時，其實是先遇到內部股東的阻力，但在了解他的理念後，股東轉而全力支持；然而，當他實際面對大師時，卻因阮囊羞澀，在提不出更高設計費的情況下，他只能用最真誠的態度邀約，希望大師風範及影響力能長留寶島，為台灣建築界開啟新視野。

沒想到這句話深深打動了原廣司，當下拍桌說：「好，我們出發去看場地。」就這樣，英雄惜英雄，心有靈犀的人，肝膽相照，錢財已經是身後無用之物了。兩個有心人，跳脫資本主義的遊戲規則，讓設計京都車站的大師也在台灣留下了兩件作品，對居住於其中的人來說，是何等榮耀！

辦讀書會
為國打造堅實棟樑

隨著事業版圖持續擴張，日益忙碌的黃才丕工作之餘仍不忘學習，喜歡看書的他，直到現在仍舊維持早年愛閱讀的習慣，持續以每周看完兩本書的速度，閱覽各類書籍；他說真正的富有，來自於心靈的富有。

黃才丕強調，現在年輕人急著賺錢，但越急越賺不到錢，因為基本功還不到位，而基本功只能在書中獲得。為此，他甚至還開辦了讀書會，指定類別科目，每周一次聚會，邀集同好，鼓勵年輕人閱讀、分享心得。他感慨地說，德國、日本，每人平均一年讀一百本書，國力因此強健，真正的國家競爭力其實在此；他大力宣導讀書會，希望能為國家的未來增添競爭力。

除了「以書會友」，重視精神層面的黃才丕，也十分看重「家庭」、「親子」、「父母關係」，更以此作為招募員工的要件。他說，百善孝為先，一個孝順的人，必同時是好爸爸、好媽媽，也必然是一個好員工。所以他幾乎認識每一個員工的父母，也鼓勵員工多陪陪老人家，他甚至因此還發放獎勵金。

「沒有母親的教誨，就沒有今日的我。」黃才丕語重心長地說，母親致力營造一個良善的教育環境，即便家境貧窮，但她再苦，也要讓小孩知道立身處世的正確道理，她知道沒有什麼資產可以留給小孩，唯一能留給他們的，就是品德的教誨，以及以身作則的身影。

事母至孝的他，儘管事業忙碌，但每天一定把母親侍奉好才出門工作，尤其當母親病重時，為了搏母親歡心一笑，他下班後都裝模作樣把一堆現金拿給母親看，說這是今天賺回來的，讓母親看了笑得合不攏嘴；就這樣，黃才丕每天哄老人家開心，一直到她平安離世為止。

而黃才丕重視家庭與親子關係的性格，也感染了企業文化，「惠友建設」員工都認為公司是「幸福企業」，因為公司內部本身就洋溢著人本關懷及人文素養的文化氛圍，自然而然讓每一個人都勤於工作，且樂在工作；黃才丕說，希望他的企業，販賣的不是商品，而是文化、價值與競爭力，而這也呼應到他的建案名稱，就是「遠見」兩字。

獨特思維
蓋豪宅一次就上手

上曜建設董事長
張祐銘

■左：做事親力親為，無論是哪一個建案，都像是自己的孩子一樣，過程中必定參與！ ■中：2018員工旅遊安排至充滿文化和藝術氣息的法國參訪充電。 ■右：上曜湖美帝堡豪宅建案神獸模型雕塑勘查。

獨特思維，蓋豪宅一次就上手

「你一定要先想到失敗。」、「有九〇%的時間是想著失敗，會不斷的研究每個項目可能要面對的壞情況。」這是曾長踞華人首富地位的李嘉誠的投資心法，也恰是上曜建設董事長張祐銘奉為圭臬的投資準則。

沒有財團背景，四十多歲就擁有上曜建設開發（1316）、永捷高分子（4714）、永輝光電、大都會網路科技、台產建設等五家公司董事長頭銜的張祐銘，其於商場中竄起，一路把平凡行業玩出新火花的傳奇，讓許多人十分好奇。

從打工中發現銷售的樂趣、開保險經紀人公司、透過「重新定義」開創網咖連鎖王國、投資法拍屋社區的逆轉勝，到二〇一〇年拿下上市公司上曜的經營權成為董事長，並主導自合成皮轉型為建設公司，近年推出總銷金額三十億元的「湖美帝堡」豪宅建案，並創下預售期就接近完銷的紀錄。目前為止，張祐銘經營的五、六家公司都是完全不同的行業，從新手狀態入手，卻玩得比誰都專業，他的傳奇，還在繼續寫下去。

大學創業
網咖開啟連鎖王國

許多人在十八歲高中畢業的暑假，都過著天天睡到自然醒的放鬆生活，張祐銘則是在當時擔任聯合報台南特派記者的父親安排下，嘗試人生中的第一份打工，在聯合報打電話推銷報紙。一疊二千份名單，都是以前訂過沒有續訂的，當時平均續訂比例僅一到二成，但張祐銘卻每天抱著「還沒失敗，只是還沒訂，再打打看」的心態，兩個月破紀錄創下七成的續訂率，賺了六萬多元，著實把報社的主任嚇了一跳。

大學時心中就一直有想要經濟獨立的念頭，張祐銘曾在高普考考場賣過考前猜題題庫；考場七點開始報到，他凌晨三點就到考場佔位置，自製大字報，用熱情積極的態度跟考生交流，所到之處幾乎每個人都會買一份，每天都創下全國銷售第一名的成績；找家教工讀時，張貼的小廣告反應太好，順勢把案子介紹給同學，變成家教中心；在大三時，滿二十歲的張祐銘開啟了十年的保險經紀人生涯，利用工程數學和電腦程式精算投資報酬率，以專業、理財和風險規劃的角度切入，賣起當時預定利率高達八％的儲蓄險，後來還自己開起保險經紀人公司，在那投保率從一七％衝到一七〇％的黃金年代，最高做到全省有十一個營業處，旗下業務五百人。

後來保險商品預定利率一路下降，張祐銘的保險事業發展也遇到瓶頸，工作之餘他會到網咖休閒玩連線遊戲，因此有同事提議自己開網咖，便在幾個人的分工下從高雄起步，成立大都會網路科技。

但就在短短一、二年內，網咖如雨後春筍般崛起，同業間殺價競爭，網咖收費從每小時

■湖美帝璟模型——林定三大師親赴南部討論帝璟模型。

■湖美帝璟建築語彙雕刻——高階幹部到現場討論雕刻設計，經由我們的專業團隊不斷鑽研、討論再親自操刀製作。

■湖美帝璟動土典禮——震撼的儀式，虔誠的祈求，面對台江國家公園，以SRC結構、雙制震系統打造高規安全住宅，未來將是台南的豪宅指標。

■特斯拉車展——TESLA電動車聚會於上曜建設禮賓會館。幾年前就已經看到電動車普及化的趨勢，因此在規劃公司建案時，就將電動車充電系統，列為車位的標準配備。

■奇美博物館參訪——帶領員工參觀擁有最豐富的藝術品博物館，工作之餘也要增長知識。

■在法國這個充滿藝術的國家，能為我們帶來許多建設上的靈感，員工旅遊放鬆的過程中，也上了好幾堂課！

■上曜建設精緻雕琢湖美帝堡的泳池公設。

■每一個建案都親自到工地指揮監工。

■2018年公司員工旅遊——法國參訪，凝聚員工向心力。

■帶領公司同仁參加「螢遊四海府城安平仲夏夜浪漫星光馬拉松」路跑活動，同仁都順利完賽！

九十元一路下滑到每小時十元，前期投資的三家店都面臨虧損，一度感覺無以為繼，後來再開第四家，才逐漸抓到竅門。

當時他重新思考，將之定義為「休閒服務業」，從第五家起大幅轉型，導入精緻服務和燈光明亮又舒適的環境，提供用餐和飲料的服務，開啟了網咖事業的連鎖王國，五年內含大陸、台灣，總共開了四十家店。

在定位區隔後，大都會網咖成為全台第一家禁煙的網咖，吸引了很多不吸煙的客戶；其後，張祐銘決定用新的做法扭轉市場，首創上網免費，提供用餐和飲料的服務，當時更創造了大量來客數，在極盛時期，四十家店曾創下一個月來客數高達一百五十萬人的紀錄，也在行業中獨大，變成網咖業的第一品牌。

時至今日，當年在市場上競爭的網咖，幾乎都已經收掉了，但大都會網咖仍是張祐銘口中「非常好的現金流」。現在的大都會網咖轉型做電競、辦比賽，還培養自己的職業隊，利用上網直播聚集人潮，並且跟各大遊戲公司都有合作。

二．二億爛尾樓 網路行銷半年賣光

在為大都會網咖開發新店面的過程中，張祐銘認識了許多仲介，也時常獲得關於房地產的投資訊息。當時因為父親年事已高，張祐銘決定回到家鄉台南發展，用二．二億元在台南永康標了一個一百多戶的爛尾樓法拍案，想不到卻遇上王又曾事件，銀行放款緊縮，但得標法拍屋又必須要在七天內繳清尾款，當時張祐銘到處湊錢，甚至還向民間借款，一個月利息高達四百萬元。

評估當時該地區每坪行情價有八萬元，而房屋取得成本每坪不到四萬元，但由於是挑高房型，當地人接受度不高，銀行不看好，年輕人首購也沒有銀行願意放貸，張祐銘動腦筋將其中幾戶裝潢成二層樓的夾層屋，以每坪七萬多，三房三廳一六八萬元的售價，在網路上尋找外縣市的客戶，成功吸引了每個月來台南出差的台北設計師、政府官員等高素質客戶，甚至還有台北的家庭主婦連房子實際的樣貌都沒看過，便透過網路在YAHOO下標，直接郵寄合約、匯款、現金成交。

優質住戶的引入，配合社區的造景，原本預計一年賣完，卻僅花了不到半年的時間，就成功將法拍的嫌惡大樓活化為優質社區，還提升了社區的行情。張祐銘對房地產的興趣也因此開啟，開始買地蓋房，從透天豪宅的經營起步。

看到頂端需求
一次打破三大迷思

長期低靡的台南房地產市場，過去在建商間口耳相傳有三大票房毒藥，一是台南人愛透天，大樓會賣不出去；二是台南人愛成屋，所以預售屋會賣不出去；三是因為台南房價不高，所以蓋房子要壓低成本，不能用太好的建材，而這三大票房毒藥迷思，全部被上曜建設在台南推出的「湖美帝堡」超高大樓豪宅建案一次打破，而且居然還創下預售期就接近完銷的驚人紀錄。

張祐銘分享，蓋豪宅的 knowhow，就是一切都要用最好的。在附近都是透天的湖美地區，「湖美帝堡」是當地獨一無二的地標級建物，由於採用頂級建材，而且有極緻豪華的公設，當初周邊大樓每坪不到十五萬元時，湖美帝堡預售階段每坪就開價二十五萬至四十萬元，並首創樓層價差，愈高樓層價位愈高。張祐銘說，就好像兩個業務員要到非洲賣鞋子的故事一樣，他看到市場的需求，用稀有性吸引最頂級的客戶。

「買我們的房子，是買到未來的生活。」公設有俱樂部的所有設施，孩子有家教室、籃球場，考量到企業主需求，還設有司機休息室。甚至在三年多以前，第二期豪宅指標案「湖美帝璟」就在每一個車位配備電動車充電系統。在蓋房子之前，就先想好房子要賣給誰，張祐銘透過分析了解目標客戶的需求，再進行精準的產品定位，針對客戶的需求量身訂作，為住戶提供未來生活的total solution。

然而，建築業一直是出了名高門檻的產業，要如何能夠第一次就做到位呢？張祐銘分享，在入行探索一段時間後，從建築師、室內設計到營造廠，他們選擇網羅各領域最優秀的專家服務，將創新思維落實在建案上，並以雕塑藝術品的心境打造每一個建案，更成立了建築研究所培育設計、興建和銷售的種子人才。目前上曜建設有七棟大樓在動工興建中，並以自己為對手持續突破。

投資先問 WHY NOT 自我定位為開拓者

張祐銘分享，曾看過香港首富李嘉誠的書，其中凡事先想到失敗的觀點讓他深受感動。張祐銘認為，當要看一個投資案或事業時，要問的是「WHY NOT?」當把所有的缺點分析完，發現都可以克服時，接下來就是要勇於前進。「當我覺得我沒有失敗的理由時，我就會全力以赴。」他強調。

對於自己不同於一般人的思維模式，「或許是因為我的數學觀念很強，又學過程式設計的邏輯，所以思考角度和一般人不一樣吧！」張祐銘說。原來，為了開啟張祐銘的天賦，爸媽從小就讓他上各式各樣的才藝班，甚至在他小學一年級時，就開始學電腦的程式語言，成為他日後的能量。而擔任記者的父親每天與他分享所見所聞，也讓他多了一雙眼睛，從小就看到社會上多元的面向。

「每個行業經營都蠻有趣的！」自我定位為開拓者的角色，張祐銘以其創新獨特的思考角度，每每能從不可能中看到可能，並且以授權的方式，找到理念相合的專業經理人，彼此分工完成目標。他把公司的成長和員工的績效綁在一起，「要敢給，捨得給，用好的磁場，培養出好的人才。」這正是張祐銘的經營心法。

中山
EMBA

冷鏈達人
用馬拉松精神
跑出成功人生

郃利副總經理

陳昭良

■左：參加橫渡日月潭活動。 ■中：冷鏈論壇專題發表。 ■右：參加中山管院盃壘球賽。

EMBA

冷鏈達人用馬拉松精神，跑出成功人生

在烈日曝曬的茫茫荒漠，郃利股份有限公司副總經理陳昭良每踏一步，迎來的是強風吹襲、漫天飛沙，身上的汗水溼了又乾，乾渴爬上滿是風沙的雙唇，侵略到喉間，雙腿肌肉僵硬緊繃、腳步沉重，即便如此，五十六歲的他，始終堅定步伐向前邁進，「我不求衝第一，但絕不停下腳步。」最後他在競賽組以第三名之姿，奔向終點。

這是二〇一八年陳昭良參加「玄奘之路——商學院戈壁挑戰賽」的景象，也是他人生馬拉松的真實寫照，無論眼前是高山低谷、崎嶇坦途，他都無畏前行，「人生與事業經營不也像是馬拉松賽嗎？看的並非一時得失成敗，而是比誰更有毅力、韌性，能跑得更久、更遠。」

家道中落
扛起照顧弟妹責任

陳昭良投身冷凍物流產業近三十年，是業界響噹噹的「冷鏈達人」，然而若將人生比喻成一場賽跑，回首他的童年，並沒有「贏在起跑點」的本錢。

父親在他小學四年級時經商失敗，家中經濟陷入困境，一家六口全擠在公寓的一間單人房裡生活。身為長兄，父母外出賺錢時，他扛起照顧三個弟妹的重擔；陳昭良回憶：「小學五年級，我就開始為弟弟妹妹煮飯、洗衣、洗澡，一手照料飲食起居。」放學脫下書包，他還得幫父母做塑膠射出的家庭代工，動手操作比他個頭還高的機器，每天「加班」到晚上十點，導致學校作業常常無法完成。

雖然當時年紀小，陳昭良卻已是家庭、工作蠟燭兩頭燒，學校課業更難兼顧。有一回，他被推選為英文小老師，卻因無暇讀書，考試不及格，老師當全班同學面數落他，直接解除他的小老師職務，「對我打擊非常大！」陳昭良彷彿一瞬間被迫長大。痛定思痛後，他決定犧牲自己，不讓家中狀況再拖累弟妹學業，他對二弟陳昭男說：「你放心好好讀書，家庭代工我一人做就好。」後來，他進入省立三重商工汽車修護科學習一技之長，改善家中經濟，二弟則不負重望，一路考取成功高中、海洋大學，也因為這段互相扶持、取暖的歲月，他們至今手足情深。

貴人賞識 攜手共踏創業之路

求學之路或許波折難行，幸好天公疼善人，陳昭良在當兵之際，遇見生命中的貴人、現今郃利公司董事長——林建智。他十分欣賞陳昭良，邀其退伍後一起進入郃利的前身——日商三電公司工作，「這是全新領域，我相當認真學習，每天都是最早上班、最晚下班。」陳昭良說。

■跟王技師合作完成豬肉分切場，得到綠色工廠黃金級標章。

■帶領中山北E校友會參訪廈門大學。

■二弟接任高雄產發會理事長。

EMBA

■引進A380餐車供長榮空廚使用。

■參加高雄25KM超半馬拉松。

■參加玄奘之路—商學院戈壁挑戰賽。

■玉山攻頂看日出。

■與二弟參加中山大學活動。

■碩士班畢業與家人合照。

■與郃利公司林建智董事長在郃利25週年旺年會。

■參加中山管院盃壘球賽。

攜手打拚幾年後，一九九四年三電公司因貨物稅問題裁撤台灣冷凍車及超市設備課部門，兩人一夕之間陷入失業困境。但危機就是轉機，「我們與幾名夥伴決定創立郃利公司，負責維護日本三電以前的客戶。」他回憶當初創業時的情形。

「其實，童年目睹父親經商失敗，常跑銀行三點半趕調頭寸，讓我只想當個穩定的上班族，壓根不想當老闆。」但人生際遇難料，陳昭良與林建智在生命的轉彎處，共同踏上了創業之路。「林董不僅是我的貴人，也是我最尊敬的企業家，他聰明、有遠見，總能洞悉產業前景與未來，敢大膽嘗試和投資，讓公司總能站穩趨勢浪頭。」林建智的知遇之恩，陳昭良始終銘記於心，兩人如親兄弟般的情誼與信任，一直是公司的黃金拍擋。

在兄弟齊心努力下，郃利成為台灣食品與物流界主要設備供應商之一，旗下有「冷凍車廂、機組設備」、「貨車租賃」、「航勤設備」、以及「冷凍工程規劃」四大營業項目，為客戶提供由生產到配送端完整冷鏈規劃，及各階段產品服務。

勤誠專業
成就冷鏈達人美名

在事業跑道上，陳昭良率領旗下子弟兵，穩健、踏實邁出每一步。現今他主要經營郃利旗下的冷凍工程事業，也是子公司添利機械工業有限公司的負責人，更是客戶最青睞、信賴的「冷鏈達人」。

他顛覆社會大眾對業務「一張嘴花蕊蕊」的印象，秉持「勤」與「誠」的態度對待每位客戶，他解釋：「冷鏈科技是專業科學，能精確計算出效能，因此我要求員工必須真的做得到，才能答應客戶。」此外，懂得「換位思考」，解決客戶「痛點」，更是陳昭良的致勝之道。現今陳昭良更放大格局、提高層次，將郈利定位為客戶事業上的最佳夥伴，共創市場優勢，包括金鈺集團湯瑪仕肉舖、祥圃實業肉品、瓦城泰統集團、阿默典藏蛋糕等台灣知名肉品加工、食品烘培業者，都是郈利長期合作的好夥伴。

贏得客戶信任、了解需求後，最重要是發揮專業實力。陳昭良細數，曾有位客戶想製造百分百鮮果汁，希望裝瓶後能瞬間達到半凍結狀態，郈利團隊便與他攜手研發急速降溫設備，讓客戶得以在市場上站穩利基。

另外，陳昭良也曾率領團隊擊敗眾多同業，爭取到一個冷壓科技公司的設廠大案。他洞悉台灣電費年年上漲態勢，為客戶計算耗電量後，承諾使用郈利提出的方案，電費可控制在某一數據內，若電費爆表，超過費用由郈利全數吸收。他自信笑說：「這已是責任施工，作法雖大膽，事後證明我們以專業做到了！」就是這般誠懇、勤勞、專業、負責，讓陳昭良在業界享有「冷鏈達人」美名。

創造優勢
業績逆勢成長

面對大環境景氣不振，郈利公司規模卻不斷擴大，業績更是逆勢成長、異軍突起，一九九四年草創至今，員工數從個位數增至近兩百名（四大部門合計），營業額更是攀增

七、八十倍，未來也計畫將觸角延伸至越南、菲律賓、印尼等東協國家，令同業相當欽羨。

「愈不景氣，郃利堅持為客戶打造的『高價值整體解決方案』，反而愈具競爭優勢。」陳昭良分享，景氣蓬勃時，客戶不介意縮短汰舊換新的周期，景氣慘淡時，客戶投資態度轉趨保守，會謹慎地「把錢花在刀口上」，因而選擇更具「品質」、「價值」的設備服務，延長使用期限。

除了創造郃利「不可取代」的核心競爭力外，從小在艱苦環境中長大，與老闆一起白手起家的陳昭良，管理員工也自有一套哲學；他把讓員工「安居樂業」視為使命，辦公室寬敞舒適，高級茗品、咖啡隨員工取用，待員工如家人，讓他們放心為公司效力。而陳昭良的管理心法是「對事無情，對人有情。」對越南籍員工尤是如此。

在冷鏈科技產業，如陳昭良這般兼擅業務與工程專業的人才，可說是打著燈籠也找不到第二個了。他謙虛自己是小人物，卻也坦言公司人才培育計畫需加快腳步。

近來他積極思索建立一支「冷鏈達人接班隊伍」，自己擔綱教練，親自訓練業務與工程部門新秀，共組合作無間的團隊，攜手出任務，盼為公司人才養成建立制度，也為營運挹注活水。

就讀EMBA
看見不同風景

「小時候無法好好讀書，學歷一直是我的痛。」命運剝奪他的，陳昭良靠自己彌補缺憾。二〇一六年陳昭良進入中山大學台北ＥＭＢＡ班就讀，如海綿般吸收管理、財會、策略、企業社會責任等知識，讓他在事業經營上擁有不同的高度和視野。

進入ＥＭＢＡ後，也讓原本鍾情球類運動的陳昭良，養成跑步習慣，二〇一八年還參加四天三夜、一百二十公里長程的「玄奘之路——商學院戈壁挑戰賽」。為了迎接戈壁賽事，他與同學賽前半年就開始自律訓練跑步，每每動輒十幾公里起跳，陳昭良透露：「不同於球類運動有對打、擊球的樂趣，跑步只是不斷前進，但跑完後會有極大的滿足感，像是一種自我實踐和提升。」

翻閱二〇一八年賽事，陳昭良是中山大學競賽組中年紀最長的男隊員，原以為注定吊車尾，不料意外跑進前三名。他開玩笑說自己是「把跑戈壁當作事業在經營。」事實上，他形容自己的人生哲學也如同馬拉松——朝著你相信的目標勇往直前，日復一日、堅持不歇，就會達到意想不到的成果。ＥＭＢＡ畢業後，陳昭良還接任中山大學北Ｅ校友會理事長，領軍幹部舉辦一場又一精采活動。

台積電創辦人張忠謀曾說：「不管人生或事業，都像跑馬拉松，成功往往是長久的努力，不是一兩年就能做到。」陳昭良就是一名優秀的馬拉松選手，一路跑出了成功，而與ＥＭＢＡ相遇，則讓他在人生與事業的長跑旅程中，看見了更開闊的風景。

中山一同濟
EMBA

從鄉村包圍都市
藉寶島看更遠

寶島光學科技文雄事業部執行長
張文雄

■左：在南京為眼鏡店學員培訓上課。　■中：辦公室裡的張文雄執行長。　■右：執行長在尾牙旺年會開場表演大鼓。

EMBA

從鄉村包圍都市，藉寶島看更遠

著名領導理論大師班尼斯（Warren Bennis）曾說：「成功的管理，需要跟著快速變動的世界持續學習。」文雄眼鏡的創辦人張文雄，三十年來持續用積極好學的精神帶領事業團隊穩定擴張，正是這句話的最佳演繹者。

為學手藝 中斷求學路

因父母親出外創業開設照相館，獨自被留在務農的大家族中成長的張文雄，從小就被同住的伯父、叔父和叔母要求不能白吃白喝，不到十歲的年紀，就開始下田參與農作。

「小學時平常日要上學，週末要下田，唯一的快樂就是遠足。」張文雄不諱言自己沒有快樂的童年。到同學家時同學招待的葡萄，雖然吃在嘴裡很甜，但看到同學與自己家庭的對比，心裡很酸，也因此立下日後一定要離開家獨立的心願。

「爸爸說，想要翻身就要認真讀書！」回憶起國中階段，張文雄曾努力想藉讀書力爭上游，但卻因為高中沒考上第一志願，重考準備到一半，被迫去學鐘錶眼鏡的手藝。「其實這一行不是我要的。」張文雄說。

雖然是被迫走上眼鏡的路，但積極企盼翻身的張文雄，仍然一步一腳印，從附屬於父親在六龜開設的麗美照相館，開設鐘錶、眼鏡和刻印的複合式小店鋪，到展店至美濃，後又逐步以眼鏡專賣店的模式，從旗山往屏東潮州、東港、屏東市，再以貼近當時第一品牌的寶島眼鏡方式，拓展到高雄市區。

擦玻璃行銷
親力親為展店二十二間

在家鄉六龜創業之初，有行銷頭腦的張文雄，每天都算準從寶來、新發和桃源的潛在客群搭巴士到六龜的時間，站在門口擦玻璃，並主動跟客戶點頭打招呼，熟客愈來愈多，但或多或少影響到在同一條路上開店的哥哥的生意，因此改到鄰近的美濃開店。

初到美濃的張文雄，一樣積極動腦筋吸引客群，在電線桿上張貼寫著「配好眼鏡，買好手錶，請光臨文雄鐘錶眼鏡刻印行」標語的大字報、廣告板，果然成功吸引客人注意，也打垮當地的老店，於一年內迅速竄紅。

在美濃開店的同時，張文雄也留意著更大的市場。他到當時的大城市旗山，看到有專賣店的店鋪型態，而且生意比複合式更好，張文雄發現愈到都市，愈注重專業化，於是他把複合式的店便宜賣給哥哥，在旗山開了第一間文雄眼鏡專賣店，並且一路往屏東走，陸續在潮州、東港展店，而後從鄉村包圍都市，再進軍屏東市區、高雄市區。

■2018年9月建研會34期張文雄，一二屆會長交接。

■2018年11月文雄眼鏡菁英觀摩台中南投遊(紫南宮)。

EMBA

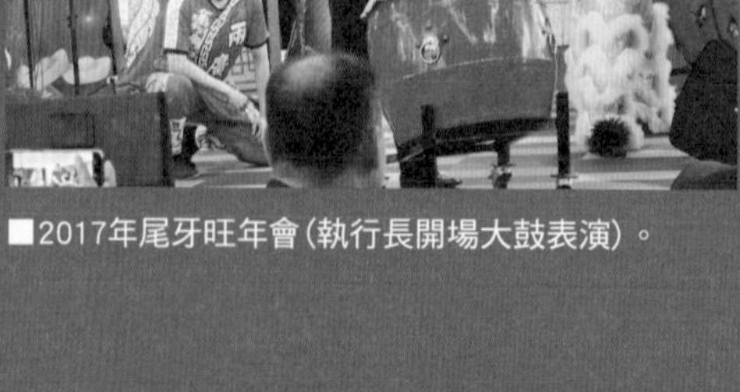

■2017年尾牙旺年會(執行長開場大鼓表演)。

■2017年尾牙旺年會。

■2018年11月公司店長旅遊(執行長與執行長夫人)。

■慈善公益驗光活動。

■2018年11月公司店長旅遊(台中歌劇院)。

■大陸視博光學參訪文雄眼鏡。

■文雄眼鏡講師上課。

■執行長張文雄生日慶祝。

進軍屏東市區時，張文雄採取緊盯寶島眼鏡的策略，把店開在寶島眼鏡隔壁，一樣用擦玻璃和打招呼的策略，以接收對寶島不滿意的客戶為主，還買了一台廣告車，和員工輪流在大街小巷環繞，以重感情、重服務、重客戶滿意度的核心價值，三年就做到可以和寶島眼鏡相抗衡的業績，並親力親為展店至高雄市區。

「業績好，再展店，在好的地點開店就會有現金流，有現金流就可以再展店。」這是張文雄開連鎖店的心得。他也分享，常看到很多連鎖經營業者業績不好還持續展店，他反倒認為應該要檢討過失，不然展店的速度太快，有可能一下子措手不及。

文雄人一家人
藉寶島站更高、看更遠

在南部市場勢如破竹，展店至二十二家的文雄眼鏡，嚴重威脅到寶島眼鏡在南部市場的獲利。當時，寶島眼鏡換了新的經營團隊，需要文雄眼鏡的現金流挹注，於是在新股東的主動接洽下，以財務合併，經營獨立的模式，於二〇〇三年完成雙方的合併。

藉著寶島站更高、看更遠，「採購也能賺錢，現今寶島集團光採購利益，一年就有三億！」、「當時就現金流來說，文雄是寶島的貴人，但寶島拉著文雄成長，也是文雄的恩人。」張文雄說。

「和寶島合併時不懂得談判，是和春技術學院育成中心的林洲安主任協助資源整合。」十五年前的恩情，張文雄仍感念至今。

「重情、重義、重顧客」是張文雄帶領文雄眼鏡一路走來的核心價值。張文雄回想，早在二十多年前就開始經營連鎖店，親力親為打頭陣，二十二家店都是親自開設，甚至有六年的時間把家人放在美濃，跟子弟兵住在店裡，白天在店裡招呼客人，晚上十點半過後開會到十二點，且員工都有入股，大家齊心拼事業。

「趨前迎接，送客到外。」文雄眼鏡講究細微的服務；「太計較、太會算的人不會成功。」張文雄以消費者的CP值為導向，以客戶的滿意度為最高指導原則，任何一筆消費都要員工自問消費者有沒有得到便宜，沒有的話就不要做。原來，這正是文雄眼鏡多年來擁有死忠客群，網路上毫無負評的重要心法。

「文雄人一家人。」說起文雄眼鏡的競爭優勢，張文雄感念當年一起打拼的店長們一路相挺至今，是穩定文雄眼鏡經營的重要基礎。「有他們才有文雄今天的價值。」、「所以人是最重要的資產！」張文雄說。

求知如渴 一路持續進修學習

在創業後常感所學不足，張文雄也謹記童年時想要藉讀書翻身的信念，一路持續進修學習，從旗美商工補校、樹人醫專、和春技術學院到取得國內中山大學與上海同濟大學合作開設的EMBA雙學位，至今仍求知如渴，持續以閱讀、參加讀書會及社團學習課程等方式站在趨勢尖端，並以個案為內部教學目標。

「吃吃喝喝不是我要的，我所加入的每一個社團，都是從讀書會開始。」張文雄說。原來，閱讀是張文雄最大的嗜好，從市場行銷到企業管理興趣廣泛，但日常的時間常不夠用，為了要多看點書，張文雄還學習速讀法，希望能加快學習的腳步！

O2O策略、直播、社群、區塊鏈……，張文雄隨時留意著最新趨勢。「改變從現在開始，不嫌晚！主要是執行力、行動力。」這是張文雄手機LINE裡的個性簽名，也是張文雄時時刻刻對自我的提醒。「很多企業在舒適圈長大，沒注意到外面的事情，但時勢造英雄，領導者一定要提早看到趨勢、掌握趨勢。」

分區自治
五十九門市齊心達標

與寶島眼鏡合併後，文雄眼鏡持續於南部地區拓點，至今已經有五十九家門市，堪稱眼鏡市場的南霸天。張文雄將五十九家門市分別交給五位區長負責，以區為單位從旁輔導訂定目標和責任額，採取區自治的模式，再由組長幫助區長，進行業績的分配與檢討。例如一個區有十家店，其中一家要裝潢，也不能因此就把業績放掉，而是在裝潢前先開會，由另外九家扛起重任，大家齊心百分百達成財測目標。

張文雄分享，他的經營策略就是「五要求一關鍵」。五要求包括QC、電聯、清潔、生日、應對，一關鍵則是客訴。張文雄分享，文雄眼鏡重視服務，取件七天後門市會以電話聯繫關心客戶的使用感受，以減少客訴、增加客戶黏著度，另外每三個月、半年會通知複檢；客戶生日時也會打電話祝賀客戶，或者贈送小禮物、體驗券等；更要求與客戶間的應對，不只要得宜，更要親切、有趣。

至於一關鍵，指的是以最嚴格的態度面對客訴。張文雄說，員工被客訴一次就記申誡一次，不接受任何理由。正因站在客戶的立場著想，訂定簡單、易懂又容易評估的標準，加上確實執行，造就文雄眼鏡各分店一直以來在網路上No. 1的驚人口碑。

張文雄現在也以「家庭與事業合併」為經營理念，希望員工兼顧事業和家庭，當員工遇到工作和家庭生活有所衝突時，會與員工站在同一角度，儘量體諒與退讓，連員工婚姻問題也會介入處理，和員工一同面對問題，也常會用「要給自己的孩子做榜樣」激勵員工謹守目標不要輕易放棄。這位員工口中的「老大」，致力於給員工「看得到也摸得到的未來」，也在子弟兵的相挺下，企業經營愈來愈有聲有色。

「文雄眼鏡是附業，社團學習是志業，家庭生活是主業。」這是張文雄現在的個人經營哲學。坦言年輕時拚事業，對家庭確有虧欠，孩子也有抱怨，現在則會儘量多陪伴家人。他也不願員工步他後塵，所以才會儘量提醒員工重視家庭。

對行銷管理的理論如數家珍，也不放棄向朋友、社團學習的機會，但張文雄認為：「理論只是理論，還是要走進去了解，再因時、因地、因人去調整。」張文雄熱衷學習，且能進一步把所學知識靈活運用，加上對員工、客戶能夠打從內心關懷的特質與企業文化傳承，正是文雄眼鏡在眼鏡業界屹立近三十年的重要秘訣。

成大
EMBA

提升台灣
醫療品質的推手

醫信有限公司董事長

余家琛

■左：於醫院單位實驗室。 ■中：參加美國芝加哥AACC醫療展。 ■右：攝於美國亞特蘭大CNN總部。

提升台灣醫療品質的推手

美國總統歐巴馬曾說：「如果沿著正確的路徑走，且堅持繼續走下去，最終將獲得進展」。日常生活中的許多便利與進步，原來，都因為有人秉持信念，在背後不計利益默默付出。醫信公司董事長余家琛也正是秉持相同「向上、向善」的信念，一路沿著正確的路徑走，開創了台灣醫療及檢驗體系儀器設備的投放制度，讓醫療院所能以最先進的醫療儀器設備為病患提供服務，成為台灣醫療品質提升的重要推手。

銷售檢驗試劑 看到醫療未來

三十多年前，從檢驗試劑銷售業務起家的余家琛，在沒有網路搜尋客戶的年代，透過舊有的黃頁電話本逐一搜尋可能的客戶，不管是大型醫療院所、檢驗單位、研究機構、以及私人大小診所，他幾乎跑遍，這樣的敬業精神，讓他六年之內騎壞了七輛摩托車，但也奠定日後創業的客群基礎。

那時他賣的是測血糖、測肝炎等檢驗試劑，早年利潤高，而且競爭者不多，老闆每年都獲利滿盈，但一直賺錢的結果，就是滿足於既有的營運模式，忽略了市場及產品已逐漸產生變化。當下，余家琛注意到，在醫療及檢驗系統中，因為儀器設備的花費太大，很多預算不足的醫療院所無法購買或更新設備，加上設備的二手價不值錢，即使有預算的醫療及檢驗機構也不願投資購買新品，導致台灣整體醫療設施成長緩慢，無法為病患提供最佳服務，他靈機一動，或許可以用租賃、投放的方式，購買後放置在院所中，再互相拆帳。

他把這個生意構想告訴老闆，但是老闆興趣缺缺，因為老闆覺得目前獲利無虞，沒有必要轉型，何況轉型的代價是要先投入好幾千萬購買醫療設備放在他處，風險實在太大了！但余家琛已領先看到了未來，毅然決定創業，跟著自己敏銳的感覺走。

當時，余家琛採取的模式，就是由廠商提供檢驗或醫療用的儀器設備，架設於院所中，再按醫院的實際使用數量，攤提一定比例的費用，如此一來，醫療院所既無需負擔龐大的設備添購費用，病患也可以獲得更好的醫療服務。

五百萬創業 翻轉醫療市場

主意既定，余家琛用儲蓄到的第一桶金，做起醫療檢驗用儀器設備投放的生意。很多人擔心他萬一失敗，豈不血本無歸，而且放棄大好穩定的工作，實在不值得，試圖勸退他，不

■與太太同遊清境農場。

■榮獲第16屆金峰獎，成大EMBA前理事長親臨現場觀禮。

■2011到美國德州德克薩斯大學達拉斯分校進修。

■企業社會責任不忘回饋母校，蘇校長親自表揚。

■2017於馬來西亞成大世界年會，高爾夫球賽。

■與醫療先進們分享最新市場動向。

■接待日本RID2820地區扶少團組團訪問RID3482交流訪問，促進青少年聯誼及提昇國際視野。

■熱心公益回饋母校致贈清寒獎學金。

■與成功大學蘇慧貞校長參加公益路跑。

■參加扶輪社總監感恩餐會，與社友合影。

■2016-17年度擔任扶輪社長並獲得RI社長獎。

過，余家琛深知自己在做什麼，他不是在做生意，而是在掀起台灣醫療資源向上升級翻轉的革命，如果成功，功德無量，就算失敗，至少也開啟一條新的市場道路。

就這樣，靠著之前拼搏跑業務的精神，他開始全台巡迴找客戶，騎著第八輛摩托車，大街小巷深入各醫療院所，用著簡單易懂、充滿吸引力的話術說服客戶：「我幫你買好檢驗或醫療用設備，後續的保養維修服務，也全部都由我支付，你一毛錢不用出。只要有病患使用，我再跟你拆帳，沒有使用率的壓力，讓你沒有負擔，大家共同為提升台灣的醫療設備品質努力。」

很快地，醫信公司的投放生意引起許多醫療院所的注意，一些國外新穎、昂貴、但簡便、準確、快速又安全的檢驗醫療設備，也透過醫信公司開始遍布於台灣各大中小型及私人醫療或檢驗院所。即使約期未滿，適逢有新的機器設備研發出來，余家琛也不吝於將新的機台放置於原院所，藉此取代舊設備，讓院所倍感窩心。

客戶因為充分感受到醫信公司「以客為尊」、「視病如親」的真誠與熱情，客群越發穩定，甚至口耳相傳，大家都爭相跟他們簽約，享受醫信公司的五星級服務。余家琛重視誠信及服務，認為當服務品質好到沒話說，客戶對公司和產品的認知價值就會提高，因此，為了有效率服務客戶，醫信公司僱用的員工，超過半數以上都是技術工程人員，對合約醫療或檢驗所的需求隨時待命，以即時提供最佳的保養維修服務。

提升台灣整體醫療品質
獲頒「創業楷模」獎

為了提升專業及管理上的知能，二〇一一年余家琛考上成大ＥＭＢＡ台北班，開始了為期三年的進修。原來，成大ＥＭＢＡ的一大特色，就是在一般商業的甲、乙組以外，另針對醫學管理領域設有「丙組」，正符合他學習的需求。由於有三分之二的課程必須到台南校本部上課，那段週末早上五點多就要出門搭高鐵到台南上課，並受到南部同學用台南小吃的熱情招待的歲月，也讓余家琛與成大南、北校區的同學們建立了深厚的情誼。

余家琛分享，成大ＥＭＢＡ有一歷史傳承，就是彼此互稱為學長、學姐，連教授都稱呼學生為學長、學姐，或者在賀卡上自稱為後學，因為成大人堅信，在ＥＭＢＡ學習的每個人身上必然都有可從中學習的專長及人生經驗，也讓他在專業領域之外，更增長了寬廣的見識。

為了醫療資源的提升，余家琛也固定參與國際醫療及檢驗用設備大展，不管是全球最大臨床生化醫學展覽的美國ＡＡＣＣ年會，還是德國杜塞道夫醫療器材展（MEDICA，全世界最大的醫療器材展），都有他到訪的足跡，積極為台灣的醫療院所尋找更好的儀器設備，對於台灣整體醫療品質的貢獻不言可喻。

因為其企業經營卓越及對於醫療產業的奉獻備受肯定，醫信公司於二〇一四年獲頒中華民國傑出企業管理人協會第十六屆金鋒獎中「傑出企業」與「創業楷模」獎項，余家琛則於二〇一五年獲得傑出社友職業成就「金鶴獎」的殊榮。

獲選中華民國TTQAS社團法人台灣檢驗及品保協會理事，還身兼中華民國醫事檢驗師公會全國聯合會顧問，余家琛也固定協助參與台北醫學院綠十字會的寒暑假義診活動，進一步把先進醫療設備引進偏鄉，為照顧偏鄉及弱勢部落不遺餘力。

結合大數據
以「精準醫學」為未來目標

談到產業的未來，余家琛說，這一行只能朝向「越來越精準」發展，精準的目的是為了一次到位，避免誤診，同時節省醫療資源，進一步幫助醫生及病人，達到有效率的診斷。

然而，在靠使用率賺錢的檢驗儀器投放行業中，這種做法似乎違反了獲利原則，因為投放的利潤在於使用率，使用率越高，醫信公司能夠分配到的費用越多，設備越精準，同一病人重複使用率變低，醫信公司的收益就會減少。

余家琛認為，有社會價值的企業才能永續經營。每個企業都應該有其社會責任，這是比獲利更重要的事，也是一個企業的終極價值；他堅信，能夠謹守這種原則的企業，社會及上天自然會給它一條生存的道路。

余家琛分享，這就好像比爾蓋茲為了消滅小兒麻痺，曾宣示全球只要有人捐出一塊錢致力消滅小兒痲痺，他就同時捐出二塊錢，結果在全球扶輪社的努力下，小兒痲痺患者已近乎絕跡，比爾蓋茲為此也對等捐出了天文數字的金錢，但他樂此不疲，甚至說：「這是上帝讓微軟存在的目的。」

創業至今二十餘年，余家琛仍站在市場的最前線，要做即時看到市場風向及趨勢的前瞻者。以「精準醫學」為未來發展方向，醫信公司正在架構的，是結合大數據，整合連結院所的「雲端醫療資訊系統—HIS」（Healthcare /Hospital Information System）。

近年來，各領域最熱門議題，就是「大數據」和「AI人工智慧」，其中，在醫療上的應用更是備受矚目，藉由蒐集、分析、歸納所得的資料，不只能提供給第一線醫生及病人作為最佳參考，藉由AI人工智慧協助判讀，甚至可以主動列出最佳轉診院所，及其可提供的相關醫療資源服務。由醫療設備帶動新一波的醫療革命及提升，相信將帶動國內整體醫療服務再跨大步。也因此，余家琛誓言，醫信公司引進的儀器及設備，全都只會越來越新，且永遠是國際頂尖的設備，否則，它的轉型將沒有意義，也無法成功。

以誠信為經營理念，余家琛對客戶不欺不妄，已經成為客戶的夥伴，兩者共同為提升台灣整體的醫療資源努力，一如他「向上向善」的人生哲學——以「天行健，君子以自強不息」的理念「向上」，再以「有善的力量，就會迴向圍繞著你」的心態「向善」，也讓余家琛的一生，因此豐富多彩而動人。

看準錄影帶綜藝趨勢開啟台灣影視節目新潮流

歐棚影視傳播創辦人

侯正雄

■左：攻頂合歡山北峰，百岳其一。 ■中：2009年-2018年擔任視點傳播公司總監一職。
■右：交誼廳滿滿的獎盃區及感謝狀。

看準錄影帶綜藝趨勢 開啟台灣影視節目新潮流

身價達二千七百億人民幣、名列中國首富的阿里巴巴集團創始人馬雲，不只創立全球規模最大的電子商務網站，更說過眾多膾炙人口的創業名言：「所謂創業，就是在創造跟別人不一樣的事業。」

若用這句話來形容「歐棚影視傳播公司」創辦人侯正雄可說再恰當不過！出生於高雄燕巢區小農村的他，憑藉著創新頭腦與精準眼光，帶動台灣歌廳秀錄影帶流行市場，不僅讓豬哥亮成了家喻戶曉的「秀場天王」，更催生家家戶戶每到假日或逢年過節，就齊聚電視機前、觀看歌廳秀錄影帶的休閒習慣，堪稱是引領台灣開啟影音視聽新風潮的鼻祖。

侯正雄談到，回首七〇、八〇年代的台灣，那是經濟開始起飛、但仍處戒嚴時期的威權年代，當時電視節目不像現在百家齊鳴，而是台視、中視、華視「三台鼎立」的老三台時代。因受限於戒嚴時期的規範，當時三台節目不僅強調愛國精神，表演尺度更有所限制，藝人不能說黃色笑話、不能穿著太曝露的服裝等，許多藝人為了求生存，開始將事業從電視台以外延伸至民間娛樂產業，也逐漸讓「歌廳秀」等秀場餐廳應運而生、進而蓬勃發展。

許多在南台灣土生土長的老一輩高雄人，一定都聽過「藍寶石」以及「喜相逢」等大型歌廳的名字，這兩間歌廳不僅是當時極富盛名的高人氣秀場，更請來崔苔菁、歐陽菲菲、鳳飛飛、甄妮等多位巨星輪番登台表演，加上舞群營造出的華麗舞台氣勢，讓不少民眾趨之若鶩，每逢假日更是一票難求。

歌舞昇平的熱鬧景況，不只令許多高雄人至今都還記憶猶新，就連知名藝人豬哥亮當年也是從秀場文化起家，從一位臨時被叫上舞台代班的菜鳥主持人，搖身成為紅遍台灣大街小巷的綜藝天王。

嗅到錄影帶新商機
善用自身拍攝技巧打開新市場

「當時的歌廳秀可說是紅極一時，不僅高凌風、張菲等大牌主持人爭相投入歌舞廳主持秀場兼賺外快，更捧紅廖峻、澎澎等秀場藝人。」侯正雄說，雖然那時大型歌廳受到民眾歡迎，但當時公務員平均薪資不過萬餘元，動輒數百元的歌廳秀票價，不僅非市井小民負擔得起，更不可能成為大眾想看就看的休閒娛樂，但也因如此，讓他開始嗅到市場商機。

侯正雄說，自己當時從高雄大榮高工電子科畢業，當完兵後就到專門販售錄影機、播放機等電子器材的專賣店工作，因為要將錄影機賣給消費者，所以必須要教導他們如何操作、

■參加侄子侯長文大寮國中校長上任感恩茶會。

■空大校長劉嘉茹頒發工商管理系會長暨畢聯會主席,熱心服務。

■高應大EMBA日本校外參訪。

■高應大EMBA同學與校長及企管系老師合照。

■歐棚公司喬遷旗下藝人胡瓜蒞臨祝賀。

■美東參訪學校閒暇之餘至加拿大一遊。

■家族花東之旅（左起哥哥、爸爸、媽媽、本人）。

■手足情深齊聚一起（左一、右一小妹女兒、左二、右二大小妹、左三哥哥)。

■參加大女兒美國賓州華頓商學院MBA畢業典禮。

■在台北與國外回來家庭聚會（左起大女婿、本人、大小女兒、小女婿）。

■到紐約大都會棒球場觀賞大聯盟球賽。

拍攝，無形中也讓他因職務關係而學會當時還很少人懂的攝影技巧與錄影眉角。

沒想到這樣的攝影技巧也造就他後來走向拍攝歌廳秀錄影帶、進而創立「歐棚影視傳播公司」的契機。

就如同馬雲認為「創業，是在創造跟別人不一樣的事業。」的道理般，對腦袋很有創新想法的侯正雄來說亦是如此。他談到，當時錄影帶節目內容大多是來自香港製作的「射雕英雄傳」、「鹿鼎記」、「上海灘」等影集，雖然也廣受許多民眾歡迎，但卻讓他不禁開始思索，為何台灣不錄製屬於自己的影音節目讓大眾觀看呢？

將歌廳秀演出普及化 讓市井小市民也能消費得起

「當時我就在想，既然歌廳秀表演那麼受到大家歡迎，何不將表演內容拍攝成錄影帶，這樣就可以讓更多人看到。」侯正雄笑著說，他這個人從小就是點子特別多，腦袋總是裝著各種新創意、新想法，因此當他看到許這麼多人都想觀看歌廳秀表演，卻買不起票時，就進一步在思考如何將歌廳秀演出內容普及化，成為市井小民也能消費得起的休閒娛樂。

看準歌廳秀錄影帶的發展潛力，他心中開始醞釀史無前例的歌廳秀錄影帶計畫，打算結合自身錄影機拍攝技巧，將歌廳表演內容完整錄下來。

所謂「初生之犢不畏虎」，侯正雄說，儘管自己當時是才剛出社會幾年的小伙子，但他並沒有因為年紀輕、資歷淺就卻步，反而展現一種「無所畏懼」的勇氣。

憑藉不畏艱難的勇氣，在友人引薦下，認識當時「喜相逢」大歌廳蔡松雄，及「藍寶石」大歌廳創辦人影視大亨楊登魁，誠信理念獲雙方合作契機，開啟台灣影視界錄影帶表演節目先河。

為讓錄影帶也能展現宛如現場演唱般的好品質，他不只發揮巧思，率先採用三台攝影機同時拍攝、現場收音的拍攝模式，更自學導播與場控技巧，坐鎮現場指揮調度，侯正雄豪氣表示：「三機拍攝的模式在當時可說是創舉，從來沒有人這樣做過。」

錄影帶一發行即造成轟動 引爆搶租風潮

正因首開先例，讓侯正雄拍出來的歌廳秀錄影帶不只影像優、音質好，解析度更是一等一，剛發行不久即造成轟動、引爆搶租風潮，成為家家必租、必看的節目；許多人剛看完這一集歌廳秀內容，就在期盼下一集趕快推出，迴響之熱烈從這就看得出來。

看準市場趨勢加上掌握時機，讓侯正雄的歌廳秀錄影帶初試啼聲就一鳴驚人，可說是為當時的影音市場開拓了一片許多人意想不到的「新藍海」，不僅觀眾好評不斷，更成為客運、巴士搶播的熱門節目影片，當下他本著銳利眼光洞察先機，獨資設立「歐棚影視傳播公司」，全心投入製拍錄影帶，包括胡瓜、豬哥亮、澎恰恰、白冰冰、曾國城都是他當時的合作藝人，在影劇圈影響力可見一斑，公司規模更從原本的十人公司，一路擴展到數十人的規模，侯正雄甚至還包下高雄市中心的大樓來作為辦公空間。

「當時大家看到我，都不相信歐棚的老闆竟才二十幾歲。」侯正雄笑著說，因為當時公司業務日益忙碌，自己常隱身幕後統籌一切，很多人都以為他是傳承父親企業的第二代，殊不知他是靠自己白手起家的年輕創業家。

談起自身創業成功秘訣，凡事追求完美、重視細節的侯正雄說，長期投入影視這一行，讓他體會到不一定要迎合市場，但要懂得創造市場，「節目內容才是受觀眾喜愛的關鍵王道。」

秉持這樣的想法，不只讓公司發展蒸蒸日上，業務範圍亦朝向國內外各電視節目製作與代理、錄影節目製作與發行、廣告工程設計與施工等多角化經營，就連庾澄慶、王傑等知名歌星的演唱會，以及政府、企業的大型聯歡晚會，也都慕名前來、委託「歐棚影視傳播公司」承辦，尤其「當代名人傳記」影帶的企畫製作，更獲得時任行政院長孫運璿接見稱許。

創意領先．技術稱雄 寫下品質保證好口碑

「回首創業路，我最感謝的貴人就是我的父親侯土城。」侯正雄說，自己雖然是農家子弟，但父親從小就教導他們兄弟姊妹要以誠信待人，而這樣的誠信原則也成了他後來踏上創業路的經營心法，許多跟他合作過的人都知道，歐棚不僅在業界以「創意領先・技術稱雄」著稱，更寫下品質保證的好口碑。

後來，隨著時代趨勢變遷，有線電視與網路影音的崛起，懂得見好即收的侯正雄選擇急流湧退，在經歷一段休養生息後，又隨即與友人在高雄創立「麻辣狀元」分店，為南台灣開啟高檔火鍋店的新潮流。

於此同時，他也因緣際會認識了在高雄以電視牆起家、創立十多年的視點傳播公司董事長與總經理，並在董事長力邀下擔任執行總監，希望借助他過去的影視經驗，給予公司在經營方向與市場佈局上的建議。

活到老學到老 終身學習收穫豐

從二十幾歲就創業的年輕頭家、公司大老闆，到如今經營高檔餐廳與擔任傳播公司總監，回首這一路走來，侯正雄說，自己始終不斷學習精進，不只利用工作之餘到文藻外語學院修習外語課程，更以半百之姿重拾書本，回到校園修讀空中大學課程，後來更進一步報考碩士班，以優異成績錄取國立高雄應用科技大學「高階經營管理碩士班」，成功挑戰別人眼中看似不可能的任務，持續揮灑精彩亮麗的人生。

「就讀ＥＭＢＡ得到的收穫比我所想的還要多。」侯正雄感性表示，隨著年紀漸長，更讓他體會到活到老、學到老的重要性，重回校園攻讀學位儘管辛苦，但也讓他得以獲得寶貴知識，不只和指導教授亦師亦友，更有機會結識來自各行各業的菁英，互相切磋琢磨，豐富了生命的價值，並擁有心靈的富足。

中山
EMBA

打造全球五金帝國的成吉思汗

鋐昇實業董事長

黃文彬

■左：攝於PATTA品牌總公司。 ■中：攝於PATTA品牌展示廳。 ■右：2018年獲鄧白氏中小企業菁英獎肯定。

打造全球五金帝國的成吉思汗

鋐昇實業董事長黃文彬，以自創品牌「PATTA」穩扎穩打銷售全球，事業版圖涵蓋一百二十國，不僅致力於量的提升，更專注於質的求精，從傳統拉釘製造起家，成功跨入高端產業，躍升為世界知名百年品牌車廠零組件供應商，成為全球泛五金產業頂尖的佼佼者。

擁有成功企業家的特質，個性嚴謹、敏銳市場洞察力，一九六〇年出生於高雄苓雅區的黃文彬，家裡在傳統市場製造及販賣傳統板豆腐，從小就在市場內穿梭，無形中培養出樂觀性格，待人處事、應對進退得體，耳濡目染下，當他面對客人，便可出自本能地招呼之道及算帳，退伍後工作選擇的精準判斷力、業務生涯的磨練、直到現在拓展事業的霸氣及雄心，憑藉人格特質與機運，創造事業的高峰，這位菜市場賣豆腐長大的孩子，成為一手建立鋐昇實業五金帝國的鋼鐵人。

因黃文彬的勤勞不懈，一九八一年創業初期，正式創立了自有品牌「PATTA」鋐昇實業，從一個資本額不到二十萬元的代工廠，蛻變成如今年營收數十億元規模的企業，一路走來積極奮鬥，搭上台灣經濟起飛的浪潮，二十年不到，鋐昇屢次再創佳績，業績不斷攀升高峰。

一九九九年，鋐昇進入快速成長期，每月的獲利都在成長，但這可說是一份「黑色報表」，因內部庫存過多，經營遇到困難，一度陷入了低潮，黃文彬帶領團隊重整旗鼓再次出發，此番經歷成功後，他領悟到了兩個重要的道理：

第一是「事情看本質不要光看表象」：他省思，因管理經驗的不足，每月業績看似不斷成長，本質上卻因庫存導致失衡，身為領導者必須全方位觀察企業，且要心存風險意識，隨時應付突如其來的危機，而不能惑於表面。

第二是「提升組織團體經營能力」：當公司變大，決策不能單靠領導人。因此，黃文彬從著重個人色彩提升到團隊能力　此時的企業領導者除了專長於生產技術，也要涉獵相關的組織經營知識，不同領域都必須熟悉，才能創造出有效率的事業體。

四年前，鋐昇實業正式進入第三階段的企業擴張，公司將朝ＩＰＯ的方向邁進；二〇一八年啟動全球併購計畫，將企業從縱向的經營，快速朝橫向發展，為奠定企業永續經營基礎，黃文彬分別從品牌、製造和人才三大結構面著手。

從「知名度」到「指名度」的品牌經營

■2018年參加第13屆戈壁挑戰賽，任中山戈13總隊長。

■PATTA時常至海外參展，此為2018年台灣扣件展。

■擔任高雄市中山陽光社會關懷協會理事長，扶助弱勢家庭。

■喜歡參與商周出版社課程。

■中山大學EMBA同學於PATTA品牌總部參訪聚會。

■2019年台灣優良精品的創業家獎。

■2019 PATTA 與卡達合作發表會及記者會。

■PATTA 主管年度會議位於胡志明市。

■慶祝泰國獅子會六十周年，與泰國二公主合影。

■2017年玉山登頂。

■中山大學 EMBA-E19《築夢的堅持》新書發表會。

「ＰＡＴＴＡ」其內涵是由Professional（專業）、Active（積極）、Trustworthy（信賴）、Typical（獨特）、Ambitious（雄心）等五個英文單字縮寫組成，這正是他賦予ＰＡＴＴＡ品牌的企業價值，這五個字母蘊含的哲理，是全體同仁專業工作者立身行事的最高準則。

現階段的國際市場，要站穩自己的戰略地位，品牌不可或缺，品牌等於公司在市場上的代名詞。品牌價值的存在目的，在於帶給消費者信賴，進而從「知名度」提升到「指名度」，提高消費者購買意願。基於此，黃文彬認為，品牌凌駕於企業之上，企業以品牌為中心，由企業服務品牌，再由品牌服務市場末端的消費者，所以企業的思考及決策都必須以品牌壯大、永續為基礎。

在黃文彬的概念裡，如果把全球五金市場上的品牌，按照品質和價格分類成金字塔，頂端的歐日高級品牌，品質優良、品牌具保證性、但價格昂貴；金字塔最底端是品質較差、低價導向的產品。而鋐昇實業的「ＰＡＴＴＡ」則定位在中間端，品質高檔、價格平實、增加使用者指名度，以「物美價廉」高ＣＰ值的行銷策略深入全球市場。

進入二十一世紀後，ＰＡＴＴＡ也將打造「智慧五金商店」的新商業模式，引進 IoT（物聯網）技術、智慧物流、智慧零售、ＡＩ人工智慧及ＡＲ、ＶＲ應用、Smart Pay 行動支付等，並將此未來計畫的模式複製到全球，除了更新ＰＡＴＴＡ品牌形象，亦能降低成本，貼近末端消費者。

全球佈局：三大製造基地末梢神經理論

製造面部分，已逐步將ＡＩ、智能、工業4.0融入製程之中，現階段目標在於提高創新研發，進而培養及提升自我能力，以獲得國際企業的青睞，進而合作甚至朝向策略聯盟。

為能完整國際布局，黃文彬為鋐昇實業規劃全球三大製造基地及五大銷售板塊。三大製造基地為：台灣、中國及越南，其中台灣的燕巢廠將成為具有智能、效能及環保製程的綠能工廠；中國則是無可取代的世界工廠，將提升產能利用率，投入品牌供應鏈；越南廠除著重在東協市場外，也因全球簽訂貿易互惠條約，享有多國貿易關稅優勢，更能因應中美貿易戰的戰略布局。五大銷售板塊則規畫有台灣、中國、東協、歐洲及波斯灣，運用板塊原理及末梢神經理論貼近客戶、服務客戶。

雄鷹計畫：匯聚各方精英發展人力培育

企業經營決勝於人才，人才是企業永續經營的重要關鍵。為能提升自有技術及培育人才，鋐昇實業二年前即與高雄科技大學產學合作，成立育成中心，展開全套的 IoT 智慧倉儲物流系統及技術合作案，希望借重學術的專業優勢，研發汽車產業的材料、模具及製程，更透過中山大學產學合作，在地化聘用多位外籍人才，藉語言優勢及熟悉當地文化基礎，實踐全球在地化經營策略，達成各國市場開發共創成果。

三年前黃文彬提出「幸福ＰＡＴＴＡ」的口號，啟動五年人才培育計畫，希望將哲學、人文、社會責任融入企業文化，在企業內部成立微型ＰＡＴＴＡ ＥＭＢＡ，及雄鷹計畫（幼鷹、精鷹、雄鷹），因應全球布局，每位同仁都有專屬學習護照，含括選修、必修，不只聘請外部教師、專業經理人授課，更提供員工上台分享的成長機會，為品牌的競爭力打下良好而長久的基礎。同時進行在地化人才訓練計畫，以熟悉當地文化、背景、需求、關係的在地員工，貼近服務當地的消費者。

對黃文彬來說，今年將是鉉昇逐步落實國際布局的一年，二〇一九年初將與法國全球知名的汽車製造供應集團簽訂雙向合作合約，成為主要的供應鏈夥伴。

除了三大製造基地、五大銷售版塊及與全球知名汽車製造供應集團簽訂雙向合作合約外，更將啟動荷蘭、中歐、南歐及台灣通路體系的併購計畫，邁向更完整的國際布局，奠定ＰＡＴＴＡ未來三十年的發展基礎。

黃文彬談二十一世紀成功思維

黃文彬強調，時代的轉變，資訊快速發達，當今經營層面及思考模式已與往昔大不相同。十九世紀是「經濟資本」時代，有資金便可投入創業，只要務實發展，都能相當平順；二十世紀是「經濟資本」加「人才」的時代，有資金、懂管理、會行銷，都能闖出一番事業。邁入二十一世紀，成功企業則要擺脫傳統思維，經濟資本和人才已不足夠，還要加上「行為資本」、「認知資本」、「網路資本」和「領導人資本」。

「行為資本」指的是追蹤過去市場行為，開發更多符合市場需求的商品，擴大經濟規模；「認知資本」是透過歷史數據資料，撰寫出一套演算法進一步分析，以協助企業進行自動化的決策，並可作為未來接班態勢的決策思考；「網路資本」則是指身處網路的時代，透過大量的經驗分享及大數據資料分析，進行整合策略及聯盟關係；「領導人資本」指領導人的人格特質直接影響企業盛衰，而堅忍、追求卓越和高標準在二十一世紀更為重要，才能帶動企業員工，甚至創造企業文化。

中山
EMBA

專業領域深耕
護士創業成執行長

上琳醫院執行長
陳淑芳

■左：2004年榮獲高雄市護理師公會模範護士獎項。 ■中：這是她的辦公室，辦公室的牆面有一幅題字，有容乃大，是她一路走來最好的提醒。 ■右：每週到書局買書，是她最大的樂趣。

專業領域深耕，護士創業成執行長

開創護理事業，被譽為現代護理之母的南丁格爾曾說：「愈沒人管的地方，愈沒有人要做的事，是我們可以首先工作的地方。」從最基層的小護士做起，上琳醫院執行長陳淑芳因先生的生意失敗負債走上創業之路。看到醫療市場缺口的她，在偏鄉開藥局、成立當地第一家居家護理所，又到高雄開了模式創新的「三合一醫院」，並擔任多家醫院的經營顧問，走出護理工作的新面貌，堪稱現代南丁格爾。

看到市場缺口 打造三合一醫院

護專畢業後，陳淑芳一九八五年進入高雄長庚醫院服務，正式成為一位白衣天使。凡事認真的她，在長庚五年時間把感染控制訓練及護理行政、加護病房的訓練全部完成。繁忙的三班制護理工作之餘，也沒忘記充實自己，利用時間半工半讀念大學，彌補未能升學的遺憾。

擁有完整的學習及歷練的她，年紀輕輕就當上護理長，幾乎在同時也完成了終身大事，正當人生看似步上坦途時，先生卻因為生意失敗而負債，家庭經濟也頓時陷入困境，碰上人生第一個瓶頸。

正所謂「危機就是轉機」，考量醫院的薪水不足以還清債務，她毅然辭職走上創業之路，並鎖定在自己最熟悉的護理領域。一開始她就很有想法，認為家鄉缺乏醫藥資源，於是從五光十色的都市回到純樸的高樹，和八〇二軍醫院的藥師合作開起了藥局。

她說「有些病患為了換胃管或做氣切護理，傷口換藥，必須從高樹坐計程車到高雄，一趟車資就要花兩千多元，對家屬來說是一筆不小的負擔」。於是她利用自己在長庚學到的加護病房訓練專長，在偏鄉成立當地第一家居家護理所，除了幫出院病人換換胃管，也兼著賣綜合維他命、保肝丸等保健品，花了五年時間就把在高雄失去的全部賺了回來。

「從哪裡跌倒，就從哪裡爬起來。」靠著實戰經驗及積蓄，陳淑芳回到高雄，給自己短短一個月的時間創業。一開始苦思要如何切入醫療市場。她突然憶起在長庚任職時的經驗，重病患者常碰到醫院病床不足被要求轉院，家屬需長期照料病人也付出不少時間成本。這時一個念頭就這樣閃過腦海，為何不開一間可同時符合重症、呼吸器維生患者及長期照護需求的醫院？

『三合一醫院』這個創新的經營概念，在當時地區型醫院普遍陷入困難的時空背景下，成了陳淑芳致勝的關鍵。她第一個就找上大千醫院獲得院長謝勝政支持認同，兩人聯手打造

■媽媽兩年前去世，帶給她極大的傷痛，她與妹妹不約而同帶著媽媽的照片到美國西雅圖旅行。

■參與慈善的活動。

■她旗下兩家醫院的員工與家屬旅遊。

■到高樹鄉青山育幼院，參訪捐款的照片。

■和最愛的兩個兒子，他們是她最大的驕傲。

■暑假與家人到英國，一段美好的旅行。

■兩個兒子在她創業成功的過程，與博士班求學的態度上，是最大的靠山與動力！拍於溫哥華。

■和爸爸媽媽及弟弟妹妹唯一僅有的一張全家福照片，這時候她懷孕八個月，即將生產。

出第一家三合一醫院，找到了當時醫療市場的缺口，一方面滿足重症病患病床及家屬的醫療需求，同時解決當時大型教學醫院重症病人的高佔床率，也再造中小型地區醫院的商機。一九九九年從高雄開始，最巔峰時旗下有五家醫院，加上台中以南各地區型醫院紛紛仿效引進這套創新的經營型態，陳淑芳擔任多家醫院的經營顧問，專業帶領他們打造醫病家三贏的醫療院所，讓她不僅拿下二〇〇四年高雄市模範護理人員，也邁向事業的高峰。

在職涯路上，陳淑芳很慶幸遇到謝勝政院長這位貴人。她感念謝院長的信任，充分授權，給她舞台和空間可以揮灑，讓她有機會前後輔導了很多家醫院，成就了個人的專業。能有今天，她飲水思源說，最要感謝的非謝院長莫屬。

就在事業一路順遂時，台大一場大火燒出問題，舊制醫院空間有限，無法符合新的醫療法規，只要負責人過世，醫院就必須被迫自動歇業退場。於是陳淑芳開始調整企業腳步，找新制醫院變更負責人，直到現在，旗下醫院雖然有三家舊制醫院已歇業，只留下新華及上琳兩家醫院，但經營上仍十分成功。

熱情支持
專業領域再上層樓

成為事業經營者之後，她一直覺得學習上仍有不足之處，再加上醫生團隊幾乎都是博士，於是陳淑芳開始就讀中山大學ＥＭＢＡ，從董監事菁英班一路念到醫院管理博士班，協助醫院經營走向正軌，也創造了新的商業模式，以公司管理角度來帶領醫院，業績也蒸蒸日上。

三十多年來，陳淑芳一直從事自己熱愛的工作，堅守崗位為弱勢的老、殘、窮服務。她認為自己在職場成功的關鍵是熱情，尤其保持對工作的熱情，也就是因為有源源不絕的熱情，才支撐著她一路走到今天。

提到人生的方向，她指著牆上的「有容乃大」題字說，「這四個字已經跟了我二十幾年了，這就是我的座右銘，也是最高指導原則，讓我對事業更有向心力。」

每個企業家都有一套經營的理念，對陳淑芳來說，醫院要辦得好不外乎健康、有愛、誠實、負責。她個人還喜歡大量閱讀，透過書本上的知識了解自己的優缺點，才不會被時代的潮流所淘汰。

進入中山ＥＭＢＡ，陳淑芳有幸遇到她學術路上的恩人，指導她論文的吳基逞教授。因為就算按照本分做事，面對兩家醫院加起來二百多位員工，難免也會遇到挫折，這時候吳老師就扮演亦師亦友的角色，為她在茫茫大海中指點迷津。

對陳淑芳來說，醫學中心床數增加，直接壓縮了民間醫院的生存空間，因此必須在服務品質上取勝，她的創新作法包括以病人為中心，提供更貼心的關懷，讓病人及家屬有尊榮感，提高病家滿意度。現有兩家醫院一百多個床位，幾乎是一床難求，醫院的努力獲得病患家屬認同，讓她感到相當欣慰。

真誠待人
與同仁共創生命奇蹟

她認為，做人除了熱情，還要有一顆善良的心，「這樣就可以減少很多社會問題，這是企業家很重要的心態」。妹妹淑萍的座右銘「一兩真誠等於十噸聰明」對她來說也很受用，所以她永遠以真誠待人，也因此結交不少益友。

「取之於社會，用之於社會」，陳淑芳對社會福利事業的投入不落人後。她認為企業有社會責任，因此固定從盈利中提撥經費做公益，捐贈自動體外心臟去顫器（AED）及救護車給其他醫療院所。另外，對於付不出醫藥費的中低收入戶，依然讓他們繼續住院，由此衍生的呆帳問題，就自己想辦法吸收。

凱凱是陳淑芳醫療歲月中，最為令人動容的一段經歷。凱凱出生即罹患罕見疾病，擁有一個比身體大兩倍的頭，只能靠呼吸器維生，滿月即被家屬遺棄在高醫，或許是緣份，陳淑芳在一次醫療訪視後，日夜牽掛於心。與醫護同仁討論後，捨我其誰將凱凱帶回自家醫院照護，剛開始，大家輪流幫孩子餵奶、換尿布，本來幾乎無法動彈的孩子，雖然需要依靠呼吸器，但慢慢地可以笑、可以動了，再接下來做訓練和復健，孩子一點一滴進步，到了三歲慢慢學著站立，小小身軀蹣跚學步的身影，至今仍深深映在陳淑芳的腦海裡。這段照顧的日子一直持續到凱凱念幼稚園被人領養為止。過程當然艱辛，但也緣於有著專業的醫護條件，在凱凱當時幾乎難有生機的狀況下，所有曾經照顧他的醫護同仁共同創造了生命的奇蹟，也是醫療歲月中最珍貴的一頁回憶。

在陳淑芳經營醫院的二十年間，絕大部分病患給她的都是正面回應，但是也曾碰過烏龍醫療糾紛。一位高齡九十六歲的老太太，平日都戴著呼吸器，有一天突然喘得很厲害，家屬決定轉院，結果兩個星期後人不幸走了。這時家屬反回過頭來告她的醫生。

衛生局出面找她去和家屬協調，結果她還沒發言，律師就先說老太太實在是年紀太大，醫生從頭到尾都很照顧，也盡力了，不該再提出無理要求。被數落一頓的家屬自知理虧，最後事情和平落幕。

在徵求員工時，她在專業之外，也重視情操及道德價值觀，對人才更是不吝嗇，想盡辦法要留人，大方讓利，主動釋放醫院股份，讓員工也有機會成為股東，對醫院有參與感及成就感。

她對員工的照顧是出了名的。有人說年輕人是草莓族，但她不以為然，給的薪水優於同行，不但提供住宿，固定每月開會、勉勵，舉辦微笑天使票選，第一名送三千元獎金。陳淑芳表示，員工得知她正計畫併購一家醫院，紛紛預約成為股東，她也以此鼓勵部屬好好做，未來大家一起合夥經營，希望團隊人人都是股東。

從無到有，設身處地創造生命價值

台創整合行銷 / 侑泉開發

林沛珍

■左：台灣美學文創發展協會舉辦攝影比賽近照。 ■中：與建築藝術作品結合，照於不動產公司。 ■右：參觀海外產業展覽園區。

從無到有，設身處地創造生命價值

張忠謀曾說過，企業要成功，須同時具備「誠信正直（Integrity）、承諾（Commitment）、創新（Innovation）、及客戶信任關係（Customer trust）」四大核心價值，林沛珍也將之設定為侑泉開發遵循的核心價值，並以此自我期許。

深耕房地產事業十餘年的林沛珍，身兼建設公司股東，去年再成立侑泉開發，擴展業務範圍，多元化經營土地開發、危老重建（都市危險及老舊建築物重建）、物業管理、工業廠房開發及國際房地產開發等業務，並將朝建設公司方向發展。

林沛珍回想自己對建築的喜愛源自童年時期，老師會帶著他們拜訪獨居老人，幼年的她發現每間房子有大有小，也都有不同的格局、不同的故事，自此以後，林沛珍看到建築物，總會想一探裡頭的傢俱擺設，以及不同的人事物。

從房地產投資起家的林沛珍，會走向經營也是誤打誤撞。原來，林沛珍曾選購一間大樓的店面，仲介建議她不如當成自己的店面經營事業，由於對建築的喜愛，她真的開設了房地產開發公司，一路經營至今，陸續接觸到土地開發、商辦、工業廠房、國際房地產開發等業務，發現房地產更多元的面貌。

初創時期挑戰多 打斷手骨顛倒勇

回想一開始公司的經營型態，由於沒有經驗，林沛珍曾將領導重任交付給原很信任的主管，結果因升遷因素，這位主管居然結合其他公司挖角自己公司的員工，讓她心痛又失望，終因家人與員工的支持，才讓她決定另起爐灶，重新再戰。她因此決定親力親為，重新招聘人才，並從照顧員工福利、讓員工安心等思考出發，有員工至今跟了她十多年，成為公司重要幹部。

和員工互動良好，公司氣氛融洽，是林沛珍留住人才的重要因素。「不只土地可以開發，人性也可以開發。」林沛珍說。在房地產領域，紅包、獎金、分組競賽、國內外旅遊都是必要的激勵，但員工有事業高峰也會有低谷，相較於許多同業老闆的現實，林沛珍則是對員工一視同仁，用鼓勵取代要求。有時，物件開發需要長時間醞釀，林沛珍也會設身處地陪同員工討論，並且盡力協助和業主互動，讓員工感受到她的支持。

林沛珍發現，員工被鼓勵，業績會更好，而且能信任公司，更能發掘自己的能力。由於現任幹部各有所長，她也盡可能給予他們舞台，並鼓勵持續向外拓點。她認為，讓員工認同公司十分重要，如果領導者能夠將心比心，讓員工了解公司的經營願景，並據以規劃個人的

■福建省兩岸青年企業文化交流接待會館。

■台灣美學文創發展協會舉辦聯合講座。

■107年國立中山大學仕女協會第六屆理事長交接典禮合影。

■台灣美學文創發展協會於台灣藝術研究院舉辦聯合講座。

■與台灣藝術研究院合辦之文化藝術交流活動。

EMBA

■107年接任國立中山大學仕女協會理事長。

■最幸福的時刻，就是與家人相聚在一起。

■每年度定期舉辦公益聯合講座。

■每個月都期待的家人一起歡聚時光。

■帶領美學文創產業海外建築考察和室內設計鑑賞。

■台灣美學文創發展協會產業聯盟新春聯歡晚會。

成長、有共同的目標，大家齊心齊力，公司事務將會更好推動，領導者較無後顧之憂。

除此之外，員工在專業上蒸蒸日上，也是穩定員工和公司的重要因素，所以公司會安排房地產、法律相關研習課程及參訪活動，鼓勵員工培養專業，與公司一同前行。

成立台灣美學文創發展協會 打造產業代言人

自小因家庭經濟因素，念完國中就投入職場的林沛珍，二十八歲時靠著自己的能力重回學校念高職，得來不易的學習機會，讓她格外珍惜。她回憶當時全心投入的自己，每日早到晚退，考試都名列前茅排在班上前三名，每個學期都上台領獎，之後一路至二專、二技進修，都維持優異的成績。

在經營房地產開發公司時，林沛珍到中山大學ＥＭＢＡ進修，認識了各行各業的同學，並透過教授、同學加寬學習的面向，擴大自己的視野，也在當時認識許多志同道合，在學習的路上共同成長的好友。

喜愛美學、文創，又有房地產經營背景的林沛珍，於就讀ＥＭＢＡ期間熱心參與班上活動，也匯聚其於企業界的人脈，集結五十位以上企業家顧問，成立以推動落實生活美學為宗旨，推廣建築美學、人文藝術美學的「台灣美學文創發展協會」，期許用軟性的美學中和硬性的建築，為建築帶來更深入的文化內涵。

「台灣美學文創發展協會」成立迄今七年，經常舉辦書畫展等各類美學活動、講座及產業的參訪交流行程，希望能將文化置入產業發展，深化產業價值；協會更已舉辦三屆的「模麗之星」產業代言人選拔賽，培養出數百名能夠站上伸展台，為產業代言的素人。

「模麗之星」產業代言人選拔賽不只培訓產業代言人，更結合城市行銷，是高雄市第一個結合文創、美學及觀光、在地舉辦的大型產業代言人選拔活動，並號召一群智慧與美麗兼具的專業人士組成「台灣模麗之星選拔委員會」。經海選脫穎而出的選手們，將接受三至四個月「免費」培訓課程，從台風、步伐、站姿、走秀、妝髮、談吐到態度等全方位培訓，協助素人營造出自己獨有的個人風格。後續還有學生接到電影、微電影、走秀及代言邀約，也有學生後來到凱渥、伊林等大型模特兒經紀公司發展。

林沛珍表示，為推廣高雄的城市之美，第三屆「模麗之星」產品代言人選拔賽更首次與婚紗業者配合，取景於高雄市交通運具、觀光景點、建案等，由參賽者呈現完美的整體造型，並舉辦攝影比賽，當時於攝影界造成轟動與熱烈的迴響。透過優秀攝影師的視角，為選手們與高雄輕軌、捷運、愛河、駁二、展覽館及圖書總館……等地標級的景觀留下最美的合影，不只讓高雄美上加美，也讓更多人看到高雄的建設，認識高雄是個宜居、宜遊的美麗城市。

不只人美、景美，心要更美，林沛珍重視產品代言人選拔賽入選學生的人格特質，二〇一六年更帶領台灣美學文創發展協會與模麗之星的獲選學生們一同至高雄市第一間做嬰幼兒收養、出養及安置服務的高雄市私立小天使家園關心，並為工作人員加油打氣，希望能與學生們一同關懷社會。

林沛珍透露，身為「台灣美學文創發展協會」理事長，在培訓產業代言人的過程中，許多美姿美儀課程都是由她親授。從與學生們的互動中，林沛珍看到一個又一個的夢想，透過她打造的舞台得以實現，也因此感動了更多朋友一起加入推動。於是，集眾人之力從無到有，「模麗之星」這個讓素人們有為產品、公益代言的機會，也讓產業界有專業的代言人資源可以運用，達成產業、地方與人才互相媒合目的的三贏平台，因此一屆又一屆，讓更多素人朋友的夢想得以實現。

「美的事物人人都喜愛，台灣美學文創發展協會的使命，就是帶領大家在生活中發現生命藝術與美感生活。」被林沛珍定位為「興趣」的「台灣美學文創發展協會」愈做愈專業，一路上集合同好攜手前行，去年更擴大成立「台灣美學文創發展協會產業聯盟」，致力於推動、整合高雄的建築、藝術、文創等產業，為高雄打造更具層次的文化魅力。

從無到有開創
用服務實踐生命

自中山大學ＥＭＢＡ畢業迄今近六年，林沛珍仍維繫著和校友們的良好互動，並把握服務的機會，於去年接任中山大學ＥＭＢＡ仕女會第六屆理事長。

過往以女性ＥＭＢＡ校友為主的中山大學ＥＭＢＡ仕女會，本屆活動首次納入男校友的配偶及家屬共同參與，在大家齊心協力下，第六屆仕女會發起關懷弱勢的公益活動及慈善捐款，並舉辦多場健康、國際禮儀講座、文藝賞析及國內外旅遊活動，都獲得極佳迴響，林沛珍也感謝學姐們的支持。

回想童年家境不好，但在老師帶頭關懷獨居老人下，讓林沛珍看到還有比她更窮困的人，也讓年幼的她從助人中感受到自己的價值。國中、高中、大學到職場，林沛珍一路熱衷於參與活動，擅長將腦海中的無限創意付諸實踐，透過活動接觸、服務更多人，創造更多生命的意義。

台灣半導體之父、同時也是基督徒的張忠謀，是林沛珍最尊敬的創業家；反思過去在經營上、生活上的碰撞，林沛珍認為是自己過度執著與完美主義導致，她分享張忠謀曾引用一段聖經文字回答關於競爭的問題：「快跑的未必能贏，力戰的未必得勝，智慧的未必得糧食，明哲的未必得資財，靈巧的未必得喜悅；所臨到眾人的，是因為時間與機會。」

她也謹記張忠謀曾說過的：「我體認到，生命中的缺口，彷若我們背上的一根刺，時時提醒著我們要謙卑，要懂得憐恤他人。我相信，人生不要太圓滿，有個缺口讓福氣流向別人是很美的一件事。」因此，現在的她也學著對些許的不完美抱著欣賞的態度，並提醒自己放慢腳步，綜觀全局，就能更自適通達。

中山
EMBA

海軍飛行員變身千萬收藏家

餘慶堂珍藏藝術空間負責人

張國慶

■左：2015年起餘慶堂珍藏藝術空間在馬玉山紅頂穀創2樓奉茶。　■右：中華兩岸EMBA聯合會海外參訪赴山東參加第24屆魯台經貿會。

海軍飛行員變身千萬收藏家

諾貝爾文學獎得主紀德曾說：「有勇氣告別海岸，才能發現新的海洋。」透過ＥＭＢＡ打開視野，海軍飛行軍官張國慶也選擇告別曾屬於他的蒼穹，向另一片藍天前進。

從海軍官校畢業，成為國家優秀飛行軍官的張國慶，在軍中仕途持續發光發熱之時，原希望將企業經營理念帶入軍中，在長官鼓勵下，以海軍飛行員身分在職進修就讀中山大學ＥＭＢＡ，卻在ＥＭＢＡ的薰陶下，決定卸下軍服，告別二十五年的職業軍人生涯，還大膽創業，並於二〇一五年正式在馬玉山觀光工廠二樓租下空間，為餘慶堂珍藏藝術找到落腳之處，開拓出不一樣的人生。

走收藏路二十五年 念ＥＭＢＡ決定創業

張國慶給人的第一印象，就是一位打扮體面的型男，原來他是海軍飛行員退役，這時讓人腦海裡不禁浮現好萊塢電影《捍衛戰士》（Top Gun）裡帥氣瀟灑的男主角湯姆克魯斯形象。不過，飛行員和眼前的藝術事業負責人兩種截然不同的角色，又很難讓人劃上等號。

海軍官校一九八九年班的張國慶說：「其實飛行員是高張力、高風險的工作，不論黑夜、拂曉，只要命令一來就得出任務。」或許是為了紓壓，張國慶二十五年前開始涉獵藝術，興趣越來越濃厚，也成為他創業的根基。

當時，他先從普洱茶下手，後來也收藏起宜興名家紫砂壺，他承認「剛開始繳了不少學費」，不過有失也會有得，慢慢淘汰不良商家後，現在只和正派經營的廠商往來。

原本在軍中有光明前途的張國慶，二〇〇六年上過三軍參謀大學，當到作戰科科長，在長官鼓勵下以在職身分就讀中山大學EMBA，希望能把企業經營的觀念帶回軍中。

二〇一一年考入中山大學EMBA後，認識許多商界有頭有臉的企業家，讓他眼界大開，想學以致用，到外面的世界闖一闖，他毅然決然申請退伍，長官還一度不放人，對他展開「道德勸說」，無奈他辭意甚堅。

眼光快狠準　紫砂壺收藏獲利二十倍

他二十多年前就開始收壺，雖然海軍飛行員的薪水不低，但也只能量力而為。收藏本身就有風險存在，就像打牌一樣一翻兩瞪眼，買到仿冒品，就是一文不值，只有真品才有增值力道。張國慶就是憑著精準的眼光與過人的膽識，賺進了人生好幾桶金，並以此作為起家的

■受邀參加高雄市上市櫃公司港都會第九、十屆會長交接典禮、觀禮與現任會長世鎧精密杜董泰源兄合影。

■中華兩岸EMBA邀約台北市柯文哲市長專題演講座談會。

■中華兩岸EMBA聯合會陪同黃烱輝理事長赴高雄中山大學禮聘鄭英耀校長出任聯合會顧問。

■中華兩岸EMBA聯合會陪同黃烱輝理事長赴高雄高苑科技大學禮聘趙必孝校長出任聯合會顧問。

■中華兩岸EMBA聯合會陪同黃烱輝理事長赴高雄第一科技大學禮聘陳振遠校長出任聯合會顧問。

■海航部隊最後一次飛行任務後與同袍合影留念。

■中華兩岸EMBA聯合會海外經貿交流赴海南參訪。

■台灣全國EMBA聯合會參訪餘慶堂珍藏藝術空間親自分享茶文化。

■參加高雄上市櫃公司港都會女子公開賽榮獲團體配對賽亞軍。

■挑戰百岳合歡山東峰成功登頂，與中山大學校友會理事長校友們合影！

基石。

張國慶剛入市時，身價最高的是宜興紫砂壺名家顧景舟，每把壺叫價六十至八十萬新臺幣起跳，而當時花蓮機場附近的透天厝，每棟售價也不過四十萬元，以張國慶的財力根本玩不上手。不過，他腦筋一轉，「既然買不起顧景舟的壺，買徒弟的壺總可以吧！」顧景舟徒弟的壺剛開始一把只要五至八萬元，是較為親民的價格。

張國慶便開始陸陸續續買進顧景舟徒弟的紫砂壺，如徐漢棠、周桂珍、葛陶中等，二〇〇六年中國中超集團在國際拍賣市場拍得的第一把壺，就花了二百萬人民幣，誰也想不到，過了十多年，顧景舟的壺，每把飆到令人難以置信的一千萬人民幣，套組甚至達三千多萬人民幣，他徒弟的壺也來到二百至三百萬元的價碼。

記憶中第一次賣出茶壺，買主是臺灣的專業茶壺行，當時的獲利是二十倍，這全要拜中國經濟起飛之賜。二〇〇九年開始，大陸經濟蓬勃發展，有錢人滿街跑，花大錢四處蒐購名家的老壺毫不手軟。他眼看時機到了，就把收藏的紫砂壺出脫了一部分，先獲利了結，利潤達到十至二十倍之多。

揪同好投資
大益茶市大膽入市

但是，二〇一六年，張國慶剛起步不久的事業就遇到了危機。當時他是中國紫砂壺品牌虎蘭堂的臺灣代理商，但海外的代理商竟然違反行規，以削價的手法拉走他的客人，他二話不說，直接到總公司找總經理商談，經過溝通、協調，他選擇放棄原來的臉書客戶圈，另外從EMBA的人脈及商界中重新找客戶。

他說：「到大池中找客戶，過程需要時間。」即使打掉重練，他還是信心十足，從跌倒的地方又站了起來，不但成功另起爐灶，還讓灶裡的火燒得比原來的更旺，印證了「危機就是轉機」這句話。

除了名家壺，雲南普洱茶也是他投資的重點。目前大陸有五千多家茶廠，其中由原勐海茶廠改制的「大益」一家獨大，年營業額高達上百億人民幣，客戶來自韓國、東南亞、臺灣、香港等地，每年出廠約一百多款品牌，仿照股票市場交易方式建立「茶市」，每個品牌有自己的牌價，與股市一樣有漲有跌，「茶民」根據需求買進賣出。

由於普洱茶的市場價值扶搖直上，獨特的產品CP值高，成為熱門投資標的。「大益茶市」價格透明，且不像股票可能因人為關係或市場變化有崩盤危險，茶市的品牌只要長期持有，在「物以稀為貴」的道理下，獲利空間可期。在茶葉的投資上，固定有同好一起判斷，看好的就大膽下手。

他除了靠一己之力致富，也不吝把經驗分享給周邊的好友，更進一步引導有興趣者共同投資。中山大學EMBA的同學就有不少跟著他進入茶葉市場，將企業經營的概念實際活用在投資操作上。其中欣巴巴事業董事長黃烱輝不但成為他的大客戶，投資僅短短三年多，增值空間已達到將近三倍之多。

談到如何尋求商機時，張國慶說：「第一是專業，第二是累積豐富的經驗值，第三是跟著市場腳步走，第四是將真正健康的茶飲品推薦給客戶。」張國慶也用海軍飛行員背景，為茶做了最好的臨床保證。「茶的滲透力強，富含微量元素，對身體不好的人很有幫助。」

原來，依軍方規定，飛行員每年必須接受最嚴格的空勤體檢，喝茶二十五年的他，每次檢查出來的各種數據，都在正常標準值之內，有了科學的驗證及背書，讓他對具有五千年以上歷史的茶更有信心。

「開拓海外市場，首先必須掌握好的產品。」張國慶對自己的發展策略定了調。他說，在現在的M型化社會中，只要擁有優質的高端產品就不用懼怕，接下來就是慎選價格透明化的茶商平台。

藏書無數
奉行胡雪巖「商道」

一路走來，張國慶慶幸生活中碰到很多提攜他的貴人，其中服役單位的大隊長宋樂業，灌輸他開卷有益的觀念，也改變了他的人生軌跡，對他影響最為深遠。張國慶還記得當時宋大隊長告訴他：「寫一本書難不難？難！找出版社難不難？難！成為暢銷書難不難？更難！但一般人只要花屈屈數百元就可以獲得學者專家一生的智慧精華，是不是很划算？」

也就是這簡單淺顯的幾句話，讓張國慶醍醐灌頂。透過閱讀心得發力，奉行終身學習的理念，結合知識經濟，不停增長個人經歷、智慧，開啟他以無懼的態度挑戰人生的未知路程。一直到今天，他仍保持一星期閱讀一本書的好習慣，而且鎖定誠品、金石堂的十大暢銷書；單單普洱茶相關書籍，他就有七、八百本之多。

在古今中外如過江之鯽的鉅商大賈中，清代的胡雪巖是他最崇拜的對象。胡雪巖之所以成為一位名滿天下的紅頂商人，在歷史上與陶朱公范蠡平起平坐，成功之道就在於他觀察入微，善於在對的時間做對的決定，將好的商品精準運輸到需要的地方。

商道重誠信，這是商人的基本要件，胡雪巖一手創辦的「胡慶餘堂雪記國藥號」，堅持「戒欺」的辦店宗旨，足可表現他的商德懿行，至今仍是傳統商業道德精神的典範。同樣堅持誠信立業的張國慶，把起家企業取名「餘慶堂」，頗有向自己的偶像致敬的味道，也隱含「積善人家必有餘慶」之意。

在藝術及茶葉市場大有斬獲的張國慶，將本業獲利所得拿來成立金釜投資有限公司，跨足金融市場。他也參加高爾夫球隊，每次球敘少則四個半小時，多則七、八小時，但他從和其他成功人士互動中，學習企業最新的經營手段，也無意中聊出了商機，並悟出最大的對手不是別人而是自己的道理。

張國慶以無私之心結交朋友，以茶會友、以壺會友、以球會友，分享所有資訊與經驗，一旦因緣具足，朋友就變成了客戶。面對前景不明的中美貿易大戰，張國慶建議藝術投資人保有現金流，靜觀市場變化，並建議快步調的現代人靜下心來品茗，讓身、心、靈都能均衡陶冶。

CROSS-STRAIT EMBA UNION

中山
EMBA

勇敢突破
從創業找到人生方向

卡登實業總經理
張育晟

■左：與高雄市經濟發展協會參訪香港交易所。 ■中：代表中山大學在校生全體於畢業典禮上致詞。
■右：與高雄市經濟發展協會參訪香港立法會。

EMBA

勇敢突破，從創業找到人生方向

世界上最會投資的巴菲特曾說：「人生中沒有哪一項投資，會比投資自己更划算。」透過創業找到生命方向，再透過學習和服務投資自己，卡登實業第二代張育晟用持續的成長為自己創造紀錄。

創立迄今四十年、總公司位於高雄前鎮的卡登實業，是國內印刷產業最具代表性的公司，除了常見的名片、貼紙、海報、扇子、手提袋外，更專精於特殊印刷，承接台灣中華郵政及全球三十八國政府的郵票印製業務、銀行的晶片ＩＣ卡、提款卡、統一發票、存摺，以及國內大選的選票等。白手起家的卡登實業創辦人張瑞泰，用六千元的資金創業，一步一腳印從護貝機經銷到自創卡登品牌，成為年營收逾三億元的印刷王國。

現年三十六歲的卡登實業總經理張育晟，十六歲寒暑假就跟著父親張瑞泰在工廠幫忙送貨打工，從基層工作開始學習，三十歲轉而跟朋友一起創業，推廣洋蔥紅酒及健康食品，從開戶、辦理營業登記、行銷開拓客源到參加社團拓展人脈等大小事項一把抓，也從中感受到企業經營的使命感。

勇於突破的張育晟，如今也為卡登實業開創許多創新的行銷，包括經營臉書粉絲團、投放網路廣告、在網路平台上架等網路行銷，為傳統通路已具品牌優勢的卡登實業注入與時代接軌的新能量。

讀兩個EMBA 從創業找到人生方向

「年輕時愛玩，家裡管不動，念了四間大學，成績也不差，但是因為沒有方向，不知道為什麼要念書，所以都只念半年、一年就休學。」張育晟說。但是三十歲開始，他找到人生的方向，決定拿回自己人生的選擇權。

三十歲以後，仿佛沉睡中的獅子被喚醒一般，張育晟火力全開，接連念了兩個EMBA，又參與五個社團，在團體中的積極付出可說是有目共睹，因此獲得許多好評。「很多朋友都覺得我改變很多，和爸爸有共同社團的朋友，也會向爸爸、媽媽稱讚我的表現。」

張育晟坦言，獨立創業的經驗，對他有相當大的啟發。三十歲那一年，張育晟在朋友邀約下，擔任起高雄區總代理，共同推廣品牌名為「無二」的洋蔥紅酒。

當時為了推廣「無二」品牌，還曾經跟樂團玖壹壹合作，結合兩者的名字，在高雄夜店舉辦一場名為「獨壹無二」的小型演唱會，以買酒送門票、或者買門票送紅酒的方式行銷；

■與卡登實業董事長張瑞泰合影。

■中山大學EMBA與日本北九洲大學EMBA交流。

■代表卡登實業出席贊助高雄捷運公益路跑慈善活動。

EMBA

■代表卡登實業出席贊助高雄市春陽協會。

■2018台北國際印刷展。

■接任107學年度中山大學EMBA在校生聯誼會會長。

■與中華兩岸EMBA聯合會廣東韶關考察團。

■擔任中山E聯會會長任內，接任第十四屆商學院戈壁挑戰賽臺灣中山大學執行總監一職。

■擔任中山E聯會會長任內，舉辦中山大學管理學院EMBA慢速壘球聯誼賽。

■擔任中山E聯會會長任內，率領中山大學EMBA單車隊參加商管學院鐵馬環島之旅。

還曾經出國參展、接洽百貨公司臨時櫃、找部落客體驗；對張育晟來說，多一個曝光管道，就是多一個學習與機會。

「其實最後沒賺錢，說不定請人家喝掉的還比較多。」張育晟笑著說。但也因此做出了興趣，為了想要學習更多，張育晟又在另一位朋友的邀約下到台中的亞洲大學念ＥＭＢＡ，畢業後接著考上高雄中山大學ＥＭＢＡ，越發讓他對事業的發展更有想法。

策劃多場創意活動
用心籌辦樂在其中

以「學生制服趴」為主題的聖誕晚會、以「上海風」為變裝主題的迎新送舊晚會，這些充滿創意和巧思的活動主題，竟是學生平均年齡超過四十歲、多由企業主或企業中高階主管組成的中山大學ＥＭＢＡ所舉辦的活動，幕後的操盤手，正是中山大學Ｅ聯會（ＥＭＢＡ在校生聯誼會）第二十屆會長張育晟。

張育晟進到中山大學ＥＭＢＡ就讀後，不僅在同學中是年輕的新生代，更是初生之犢不畏虎主動爭取擔任會長，不只希望能為團體服務、盡心，也希望能夠把握學習機會，待畢業時回首來時路，能不虛此行。

在張育晟的用心策畫下，除了迎新送舊和聖誕晚會，中山大學Ｅ聯會還舉辦了自行車挑戰賽、管院盃壘球賽、高爾夫球賽、企業參訪、全國ＥＭＢＡ校園馬拉松接力賽、泳渡日月潭等活動。

特別的是，不會游泳的張育晟，不僅張羅中山大學ＥＭＢＡ參與泳渡日月潭活動的報名、接駁以及休息場地安排等細節，還勇敢綁上魚雷浮標，橫渡長達三千公尺的日月潭，全心全意「撩落去」。

面對兩岸ＥＭＢＡ於二〇一九年四月底舉辦第十四屆玄奘之路商學院戈壁挑戰賽（簡稱戈十四），張育晟也出任中山大學團隊的行政總監一職，成為參賽的同學們最強力的後勤支援。

為ＥＭＢＡ同學們舉辦的企業參訪，張育晟貼心的在參訪後安排包場看電影活動。「同學們平時工作忙碌，週末還要上課，所以特地挑選溫馨的家庭喜劇，讓他們可以帶家人一起參與，多一點陪伴家人的機會。」張育晟說。

積極在社團中付出的張育晟分享，在團體中學習的這幾年，他觀察每一位成功者做事的方式，「很多人以為在社團當幹部是領導者，其實反而是要把自己當員工，做事才會有成果。」

張育晟今年從中山大學ＥＭＢＡ畢業，卸任Ｅ聯會會長後，他將接任工商建研會會長，隔年再接獅子會會長，可以在不同團體擔任會長，都讓張育晟的歷練更佳厚實精彩。

雖然上ＥＭＢＡ的課程犧牲了假日，平日也忙於社團活動，但是張育晟從中得到知識，又能獲得人脈，強迫自己成長讓他獲益良多。「參加的社團多，看到的事情也多，有機會了解更多人的成功與失敗之道，也學會與人相處，重視謙虛與禮貌，不要動不動頂嘴吵架。」張育晟說。

站在趨勢的浪頭
有決心主導市場商品

不只用心於社團活動，張育晟也默默觀察產業界的趨勢，思考企業經營的方向。「網路為印刷業帶來很多便利。」張育晟說。過去要給客戶看稿，必須當面送件跟客戶對稿，現在只要拍照後用ＬＩＮＥ傳給客戶，幾次往返就能定稿，效率大大提升。

張育晟回憶，早期網路未發達時，曾因為要印刷候選人文宣，每天在候選人服務處和工廠間奔波，跟候選人一起打選戰，「選前通常是印刷業全員備戰的時刻，有時客戶趕著拿到成品，還拜託工廠加班，忙到沒時間吃飯。」

曾經有一年，卡登標到七個縣市的選舉公報印刷業務，張育晟每早眼睛一睜開，就開始準備到外縣市聯繫印刷工作，一個月內往返於高雄、嘉義、台中、苗栗之間，光是高鐵就搭了將近三十趟，讓他印象最為深刻，網路發達後，已很少有不斷往返奔波的經驗發生。

雖然網路為印刷業帶來很多便利，但是也帶來更多的挑戰。「現代人比較少寄信，公司大宗的郵票業務就受到影響；以前企業會自己印發票，現在則多採用熱感應出單機，或者存在載具中根本不用列印；活動邀請函直接在網路群組發一發即可；會員卡改用ＡＰＰ取代；有人不買實體書，改買電子書；餐廳點餐也用ＩＰＡＤ取代印菜單……。」

但隨著時代潮流變化，仍有可以掌握的商機，「禮盒愈做愈精緻，展場佈置和行銷活動市場不會萎縮，可以重覆使用的環保提袋也是友善地球的大趨勢……。」聽著張育晟如數家珍，原來，「印刷業如何面臨電子化衝擊」正是他中山大學EMBA的論文主題，今後要如何站在公司的利基點及趨勢的浪頭上強力主導市場商品，正是他思考中的課題。

父親是一部活百科 打從內心敬重

張育晟的父親張瑞泰不只事業發展有成，更是高雄市志願服務協會的理事長，在公益這條路上，張育晟也追隨父親的腳步。像是近期高雄捷運與創世基金會合辦的高雄捷運公益路跑、春陽協會主辦的慈善園遊會、花蓮觀護盃國際籃球邀請賽等，卡登都有協辦或贊助，張育晟認為，回饋社會是企業應盡的義務，前陣子聖誕節時，他也印製了一批鉛筆盒，送給家扶中心的小朋友。

張育晟很重視父母的意見，在他眼中，父親就像一部活百科，內含豐富的社會歷練和人際間往來的所有細節。「爸爸很重視禮貌，而且對於細節很要求，像是不能先客戶一步掛電話、遞名片時要用雙手等。」張育晟說。

「爸爸的修養更是好。」張育晟曾聽說有外人批評公司，但父親會用不同的角度看待，毫不生氣。父親事務繁多，張育晟仍把握有限的時間和父親學習，從旁觀察父親的成功之道，思考、內化，並努力學以致用。

結合武術與商管
首創詠春管理學

利鑫益國際貿易董事長
劉愷莉

■左、中：五能講師：能說、能唱、能跳、能玩、還能打。　■右：2018年「貴廣網絡杯」遵義赤水河谷全球商學院精英挑戰賽。

結合武術與商管，首創詠春管理學

亞聖孟子曾說：「先聖後聖，其揆一也。」意思是，不管在任何時空地點，只要有聖人，一定是心同理同。而世間規則放諸四海皆準的，才能說是「真理」。電影界的名導演李安，便是站在東西方文化共通之處，在國際影壇發光發熱；管理界也有利鑫益國際貿易董事長劉愷莉，站在東方武術與西方管理學的共通之處，以「詠春管理學」協助企業界創造更好的績效。

電影《葉問3》上映時，再度掀起詠春拳熱潮，然而當葉問長子葉準的徒弟李明將正統詠春帶入台灣，也讓在台第一女大弟子，同時是國立中山大學EMBA學生的劉愷莉，將詠春拳法的口訣及心法導入管理學，開創出一套「詠春管理學」，並經中山大學管理學院教授群指導修正後對外發表，成為新時代的管理顯學。

不僅如此，外表亮麗的劉愷莉在運動方面也有過人的表現，透過全球商學院「玄奘之路商學院戈壁挑戰賽」，與海內外企業家攜手挑戰環境惡劣的戈壁沙漠，而這股彼此扶持前行、開疆闢土、勇於挑戰的革命精神，也逐漸擴展出劉愷莉的海外事業版圖。

台、中、柬聯手推動中國白酒文化

二〇一九年一月十二日在柬埔寨首都金邊的黃山國際大酒店，首度舉辦「瀘州老窖·國窖1573」產品推介會，將擁有四百四十餘年歷練與二十三代堅守傳承，以最高釀造藝術水準成就窖香優雅、綿甜爽淨、品質非凡的國窖1573白酒，正式搶進東南亞的白酒市場。

這是劉愷莉參加二次全球商學院戈壁挑戰賽建立人脈的成果；在她的努力下，促成柬埔寨最大綜合性集團之一的利鑫集團（LIXIN GROUP）與港商瀘州老窖國際發展公司攜手，以強強聯手方式，共同推動中國的白酒文化在東南亞深耕發展。

當日現場賓客雲集，包括柬埔寨國家環保部部長賽森安、總理洪森侄子洪杜勳爵及各商會、華社、商界的社會名流出席，堪稱柬埔寨少見的盛會之一。

劉愷莉也擔任個體戶企業的教育訓練講師多年，上課、演講超過三百多個場次；她在二〇一四年二月自行成立「世寰企管顧問（股）公司」，擔任執行長一職，透過資源整合的集體力量，協助濁水溪以南的中小企業老闆投入教育訓練，提振員工士氣，適時發揮潛力，共同為企業創造更好的營收和績效。

機會是給準備好的人！劉愷莉從台灣出發，更在兩岸三地及東南亞地區不斷授課演講，協助企業教育訓練。二〇一八年劈助利鑫集團高層主管教育訓練，進而獲得賞識，被力邀加

■VERTEX丸鐵運動「鐵人魂」指導顧問。

■中山EMBA參加鐵馬論劍迎接騎士歸來。

EMBA

■利鑫益國際貿易公司將藉由集團豐沛的人脈及華人商會的串連，積極拓展東協的白酒市場。

■於中國青海參加2018門源崗什卡越野賽。

■參加2018年北京國際泥濘障礙賽團隊組。

■現代俠女，用韌性和熱情面對人生挑戰。

■李明師傅生於香港，師承葉準宗師。此棍為六點半棍法。

■台大校園集聚戈10校跨校宣講與戈壁賽分享。

■2018北大光華管理學院來台騎旅與6校鐵馬社聯盟。

■2017兩岸企業家匯聚高雄「戈們說」論壇，暢談「玄奘之路商學院戈壁挑戰賽」感悟。

■2017結合兩岸EMBA商學院前往柬埔寨市場考察。

入利鑫集團的文化事業體，並成立世寰國際事業，負責「教育訓練管理諮詢」及「公關活動策畫」。二〇一九年一月起更擔任利鑫集團旗下利鑫益國際貿易董事長，負責「國窖1573白酒」推廣業務。

從詠春拳結合EMBA課程，成為中西合併的「詠春管理學」；從全球商學院拓展國際人脈，擁有國際視野的劉愷莉，看似風光的成功背後絕非偶然。

戈壁挑戰賽
用堅持做到最好

劉愷莉謙虛的說：「我沒有什麼特別厲害的地方，只是比別人還要堅持，一旦下決心要做，就一定做到最好。」原先，成為「老師」是劉愷莉的夢想和目標，但在成為講師之前，她曾當過洗頭小妹、平面模特兒，這些打工的經歷不僅讓她更堅定夢想，也豐富她的人生閱歷。

「每一個過程都是必要的，事情會發生也都有其原因；我們要做的不是逃避，而是面對，自然就會成長。」劉愷莉為自己定下【Carey100】的目標，要完成百項挑戰，包括馬術比賽、泳渡日月潭、登玉山、學油畫、學烏克麗麗等，「德、智、體、群、美」兼具。

憑藉著一股衝勁、一股熱忱、還有不服輸的決心，劉愷莉在處處艱難的環境裡，越發有韌性地與之抗衡，越發堅定地走在這條路上，也讓她跑完了兩次全球商學院的戈壁挑戰賽，從EMBA台灣大三鐵（泳渡日月潭、鐵騎登武嶺、馳騁太魯閣）到兩岸EMBA大環島，再到貴州網絡杯——遵義赤水河谷全球商學院菁英挑戰賽等。

現代俠女 葉問宗師一脈相傳

談到她自己創立的「詠春管理學」，劉愷莉笑顏逐開，舉手投足間不自覺流露出現代俠女的風範。劉愷莉表示，二〇〇九年《葉問》在電影、電視熱播，瞬間成為家喻戶曉的話題，詠春拳變成廣為人知的中國拳術，當時她也因看了葉問電影，內心萌發對武術的興趣，電影片尾還安插李小龍年少時拜葉問為師的橋段，更是打動她習武的決心。

二〇一〇年因緣際會下，遇到一位武術前輩，繫起了她與恩師——李明師父一輩子的師徒情緣。李明師父出生於一九五一年，香港人，十九歲開始學習詠春拳，師承葉問長子葉準宗師，隨葉準宗師學習詠春拳長達四十多年，為葉準第一代親傳弟子，已得真傳。

當時，居住在香港的李明師父正準備退休移居台灣台南，在獲得恩師首肯後，計畫在台開設詠春李明拳會，教授拳術，成為第一位在台灣發揚詠春拳的葉準弟子；而劉愷莉也正式拜李明師父為師，也是李明師父在台灣首位授拳的女弟子，有著與李明師父共同發揚詠春拳的願景。劉愷莉相當感謝李明師父啟蒙了她的武術之路，不僅勤練詠春的外顯功夫與招式，更熟讀內顯的精神與口訣，甚至訂做木人樁放在家中。

一頭栽進武術世界的劉愷莉，將詠春拳的拳法、口訣、心法練到爐火純青，不僅練就強健的體魄，更練出堅忍的意志力。她說，訓練是件痛苦的事，定會碰到撞牆期，一度想要放棄。但是一旦放棄，之前的努力將全數白費，而且會忘記活著的意義，所以她不輕言退縮，「罵兩句髒話就撐過去了！」劉愷莉笑說。

中西結合
開創「詠春管理學」

對詠春拳已小有成就的劉愷莉，在就讀中山大學EMBA時驚訝發現，東方武術的許多口訣及心法，竟與西方的管理學有著異曲同工之妙。尤其，當她涉獵越多管理學的專業知識，越發現彼此間的相互驗證。因此，劉愷莉潛心研究，開創出一套「詠春管理學」。

劉愷莉表示，武術是東方哲學，管理學是西方應用科學，「詠春管理學」是中西文化與學理結合的產物。她舉例，管理學之父杜拉克提出企業的服務或商品須符合市場需求，也就是「實用」，與詠春出拳得招招「實用」不謀而合；此外，如將葉問的心法「念頭不正、終生不正」套用在管理學，就是有助企業永續經營的「誠信」。

劉愷莉強調，一代宗師葉問經常說，功夫是死的，人是活的，「活人要練活死功夫」。是故，窮則變，變則通，是中國自古流傳下的觀念，君子以自強不息為道的根本。

死功夫要練活 管理學更要活用

「活人要練活死功夫」這一句話，對企業管理有著很大的啟示。劉愷莉認為，MBA與EMBA所傳授的策略、行銷、管理、組織等各種理論、模式、工具、甚至案例，一旦被歸納、整理、訴諸文字以後，就已經變成所謂的「死功夫」，消極、被動、且沒有解決問題的能力，而要能夠解決企業面臨的瓶頸，依靠的是能「活用」這些「死功夫」的人。

管理學上指出，企業日常面對的最大挑戰，包括產品、價格、服務、通路、採購、研發、物流、組織與人才、市場占有率、成本結構等，以及現有競爭者的強力競爭，這些都是動態的「活環境」，要解決此些問題，必須彈性靈活的活用管理學的功夫。因此，不論是波特的五力分析、核心能力理論、資源基礎理論還是策略行銷理論，每家企業最終所選用的策略，都應該是自身融會貫通後獨創的方式。

積極媒合企業及人才看重工作價值

求才令人力集團總經理

劉國文

■左：抓蛇為民除害。 ■中：收購農民盛產蔬菜再發給弱勢團體。
■右：參加各種社團服務人群盡心盡力。

積極媒合企業及人才，看重工作價值

德蕾莎修女說：「愛，就是從別人的需要上，看到自己的責任。」大學時期就開始打工送廣告稿的劉國文，退役後自己創業，從廣告代理商起家，歷經被倒債、遭小偷、生意失敗等磨難，更看到「一份工作」對求職者及社會穩定的價值。

看到每一份工作的價值，劉國文轉型經營專攻雲嘉地區求職求才市場的「求才令人力集團」，積極為企業及人才媒合，協助雙方「找對工作，用對人」。

求職及創業過程 一路跌跌撞撞

現年五十一歲的劉國文，在嘉義縣竹崎鄉出生，家中多達十一位兄弟姊妹，他排行最小。小學時，父母親就北上台北工作，他依稀記得小學一年級要去山上採野菜，有一種生長在石縫中的鳳尾草，可以用來煮青草茶，尤其在夏天極為消暑，他為了採鳳尾草，曾被虎頭蜂叮咬，也碰過眼鏡蛇、青竹絲等毒蛇，險象環生。

小四時，父母親把他接到台北，但父母親居所不定，他如同流浪小孩，換了好幾所小學，直到泰北高中畢業後，半工半讀考取中國市政科技大學（現在的中國科技大學）。當時姐姐和姐夫從事報紙廣告代理，大學時期的他則幫忙送稿。以前分類廣告在傍晚六點截稿，為了及時完成送稿工作，他時常騎著摩托車在馬路上狂飆，現在回想起來，不禁捏一把冷汗。一九九〇年退役後，他便回到南部創業，當起廣告代理商。

當年國內二大報——《聯合報》和《中國時報》都是百萬大報，競爭非常激烈，他發現當代理商不但被排擠也遭到壓榨，萬一承包廣告被倒債要一肩扛起，還要設定不動產做為抵押。像是一九九五年二月十四日，《中國時報》光一天分類廣告（不包括商業廣告）的廣告費，就高達四千四百八十萬元，但有被倒債或被抵制的風險，也常常做白工，等於幫別人賺錢還要看人家的臉色。

求職及創業過程一路上跌跌撞撞，劉國文好不容易賺到人生第一桶金，原本只有承做雲嘉分類廣告生意，為了擴大版圖與人合夥，以為會賺得更快更多，結果不但虧了錢還債臺高築。

被倒債的他只好標會應急，不過屋漏偏逢連夜雨，二十八萬的會錢竟被小偷全數偷走，無疑雪上加霜。瞬間飽嚐事業失敗的苦果，他只好認命重新打拼，有時忙碌到一天睡不到四個小時。有天在睡夢中，被兒子的哭聲驚醒，兒子噙著眼淚說：「沒人可以載我去上學。」心痛不僅如此，兒子在學校被同學霸凌，只因為當時家中經濟拮据，連小孩的學費一時之間都拿不出來。

看到一份工作的社會價值
創辦免費《求才令》

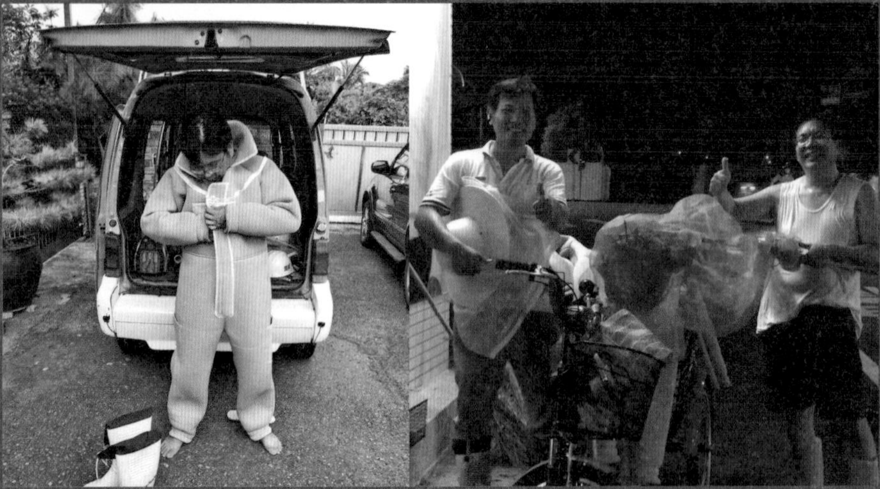

■嘉義縣救難協會捕蜂抓蛇為民服務的一員。

■老婆張麗梅是嘉義市新移民女性關懷協會理事長，致力推動外配照顧及女權運動。

■參加EMBA高爾夫球隊。

■收藏人生第一輛名流機車，超過30年的老爺車。環島挑戰七個極點！

■嘉義大學EMBA102。

■追求不同的人生擁有遊艇駕照，計劃也要考輕航機駕駛執照。

■長期致力關心偏遠兒童教育。

■擔任CSUs第二屆高爾夫球隊隊長。

■金影獎。

■全家福照片，老大和小女相差二十五歲。

當年他所熟識的營造廠會計被搶匪攻擊受傷，左手骨折包著紗布上班，讓他有感而發，不少社會案件都跟搶劫或竊盜有關，如果能使遊手好閒的人有工作、家家有收入，或許不會衍生這麼多社會問題，他興起自已辦報的念頭，也因為有分類廣告的專業，他決定印刷《求才令》，「找對工作，用對人。」成為他創刊的出發點。

當時《聯合報》、《中國時報》及《自由時報》每份都賣十五元，他分析，民眾要找到適合的工作，平均要花半年時間，一天三份報紙要花四十五元，半年就要花費八千一百元，對求職者是一大負擔，劉國文創辦的《求才令》，讓求職者不用花錢就能瀏覽職缺。

然而自已創業需要多少資金？劉國文說，當時承租永康三街的商辦，全部員工只有他、老婆及會計三人，他負責送樣板至台南印刷廠，印刷完成再載回嘉義，最初只印五千份，後來增加到現在的五萬份。

想幫助失業者的心 成努力不懈的動力

「一個人有工作，就不會輕生。」這個念頭常在他腦中盤旋。經歷人生的坎坷起伏，劉國文終於領悟到，如果能夠幫助別人，就等於是在幫助自已，因為「所有求職者都是我的貴人」。

艱苦奮鬥了十年，劉國文終於苦盡甘來，回首創業遇到的種種挫折，家庭給予的安定、一心想幫助失業者的心，是他努力不懈的動力；受到地理師父親的影響，他深知行善的重要，多做善事積累福報。

「我生命中最大貴人是妻子張麗梅。」當時大兒子讀小學、小兒子唸幼稚園，夫婦倆半夜帶著小孩，一家一家催討欠款，小孩才能註冊繳費；老婆又在他最困苦時，向娘家借錢度過難關，岳父的出手相救、太太的不離不棄，劉國文始終心懷感激。

一提到妻子，劉國文眉宇間露出笑意：「我娶到又好又漂亮的老婆，身高如同模特兒。」他回憶，當年在台北半工半讀，租房子的房東正是妻子的姑姑，也因為這層關係才認識對方，不過因工作繁忙無暇培養感情，直到當兵才開始寫情書追求，劉國文笑說：「不少人是遭逢兵變，而我是當兵後才開始行動。」

二十四歲的劉國文，迎娶了小他四歲的張麗梅，育有兩個兒子，在那一段左支右絀最艱苦的日子裡，一家四口同甘共苦。雖然坊間習俗忌諱孕婦拿剪刀，但因工作關係，老婆仍挺著大肚子拿剪刀剪報。

求新求變又多元服務
雲嘉市占率達八成

從報紙分類廣告做起的劉國文也明確認知到，報紙廣告已是夕陽工業，如今會拿著《求才令》找工作的人，至少都是四十五歲以上的長者，時下年輕人多是用手機找工作，他跟隨時代腳步，推出了手機版求才令ＡＰＰ，目前雲嘉地區有逾一千兩百間公司與他合作，市占率高達八成。

劉國文指出，他從只有三張分類廣告的報紙版面，慢慢增加到最高峰的十八張，雖然如今科技興起，紙媒逐步走下坡，他也懂得求新求變，多元化拓展事業，除了《求才令》外，也做廣告設計、包裝、印名片；他遵守誠信，對客戶總是設法「有求必應」，減輕客戶負擔，這是客戶願意長期跟他合作的主因。

對雲嘉地區已相當熟悉，加上事業上的野心，劉國文擴大服務範圍，和高雄及台中分類廣告商合作，將雲嘉的成功模式移植到高雄、台中，不料卻栽了一個大跟斗，前後竟然慘賠三千兩百萬，最後還和朋友搞得不歡而散。他仔細思索失敗的原因後恍然大悟，求職者多數認為三十公里以內是最理想的通勤距離，他再度把重心回歸到雲嘉，目前他的員工有二十多人，穩定性高。

劉國文也跟政府合作，協助培訓就業人才，承接嘉義市就業服務推廣協會案子。他的妻子熱心公益，發現新移民嫁來台灣，有些飽受歧視，或是對夫家失望，如此的惡性循環也會造成社會問題，便擔任嘉義市新移民女性關懷協會理事長，協助新移民開設聯合國異國料理便當店；又輔導開設佤那異國料理，讓新移民婦女有工作機會。

多路並進的行動派
漸入佳境的人生

學而後知不足，二〇一三年他考取了國立嘉義大學的ＥＭＢＡ，實務和理論的結合，讓他視野更開闊，也讓他對人格特質有更深入的瞭解；每個人都是人才，只要擺對位置，皆有發揮所長的機會。他也擔任中華兩岸ＥＭＢＡ聯合會第一屆和第二屆顧問，今年三月將前往上海復旦大學參訪。

他的事業穩定成長，太太又在四十六歲高齡生下寶貝女兒，事業、家庭兩得意，但他自謙地說：「以前過於忙碌，是個不及格的父親，老天爺應該是要讓我重修親子教育這門課。」雖然女兒還在牙牙學語，但劉國文的二媳婦也在今年生下金孫，又多了一個爺爺的身分，讓劉國文大呼人生的驚奇。

除了在事業上不斷打拚，劉國文獲得嘉大ＥＭＢＡ碩士學位，也考上難度頗高的就業服務乙級技術士，去年又取得遊艇駕照，他風趣地說，希望擁有陸、海、空駕照，只是國內還沒有輕航機的考試，要圓這個美夢，恐怕還要多等一段時間。

劉國文並非工作狂，也懂得娛樂休閒，近五年他騎著「名流摩托車」環島過兩次；他也只花了九十六小時，就學會駕駛遊艇並且順利拿到駕照；另外，他每月規律打高爾夫球五、六次，每天早晚散步半小時。

他同時熱心公益，擔任警察之友會成員長達十五年，加入阿里山同濟會超過五年，去年又在嘉義縣救難協會理事長徐紹唐邀請下，成了其中一員，因為年幼時的鄉村生活，捕蜂捉蛇都難不倒他。

「成功無法複製！」、「沒有人是真正成功，就看你站在什麼角度，只要自已認為成功，那便是成功！」看到每個人獨特的價值，求才令人力集團總經理劉國文以晶亮又堅定的眼神，為成功下註解。

嘉大
EMBA

零售餐飲達人
打造精緻農業

麗山綠色農園執行長
沈榮祿

■左：挑戰個人體能極限登喜瑪拉雅山基地營。 ■中、右：王品集團時美國和杜拜招商採購行程。

零售餐飲達人，打造精緻農業

位於嘉義縣水上鄉、太保市交界的「麗山綠色農園」，擁有鋼構六公尺高的溫室，外觀獨樹一格，電腦管控自動化肥水灌溉系統，控制日造外遮陰系統，節省人力管理容易，創新免翻土濕式栽培，科學化監控土壤EC和濕度，提供農作物良好生長環境；進入農場一眼就能望見蕃茄排列整齊的綠色隧道，搭配結實纍纍紅蕃茄，宛如恬靜安詳的農村田園風景畫，讓人舒服療癒。

執行長沈榮祿與妻子巡視農場作物生長情形，不時逗弄環繞腳邊的愛犬，職場退休後尋求更豐富精采人生，開創新產業不只金錢投入，還有放下身段從零開始。

精緻農業創業動機 願景使命

沈父在六〇年代務農、收入不高，即使環境清寒，仍借錢繳學費，讓四個兒女受良好教育，其中兩個兒子還拿到博士學位，不敢忘記父母栽培養育之恩。二〇一六年沈榮祿自王品集團供應鏈主管職退休後，兒子沈庭弘也離開遊戲動畫產業，由於沈榮祿經過產業趨勢分析，認為地球暖化氣候影響農產品生產因素加劇，全球糧食短缺、瀕於挨餓人口達到十億，便利用父親留下六千四百平方米閒置農地，基於活化祖產、協助年輕人創業等動機，投入設施精緻農業。

因為台灣地處亞熱帶、多颱風，他決定以堅固鋼構蘭花等級的強度建造溫室，耗資二千萬元，更希望未來採用一流硬體和科學化設備，取得差異化和永續經營的條件，以不受氣候因素影響。當時這項投資曾引起眾人議論紛紛，質疑他既然有二千萬元，為何還投入辛苦、不被看好產業？他覺得，就是因為辛苦、沒有年輕人願意經營，長期來看才是機會點；辛苦行業讓年輕人吃苦，才能永續長久，容易錢來得快、去得也快；再者中國以農立國、民以食為天，糧食是必需品，設施農業經營相對其他行業風險小、可永續經營，雖然沒有經驗、創業維艱，幸好有農委會農業試驗所張庚鵬、王毓華兩位博士的指導。

麗山家族世代務農，後代子孫也都從事農業相關產業，包括農業生產、產銷通路經營、農產加工、農業教育等。麗山綠色概念農園，就是以父親的名字命名，麗山永遠留在後代子孫心中，飲水思源，農場就是永遠的根，而以綠色概念訴求環保、永續、自然農耕模式友善大地，再搭配產銷履歷，生產無污染農產品。例如，Green farm 以先進溫室，環保自然農法生產，生態防治病蟲害，科學生產技術，減少化學性毒害。

他說，產品以產銷履歷嚴格作業模式管理田間作業，產品皆可追蹤和追溯，農藥殘留符合政府規範，為消費者健康把關。綠色概念是台灣農業永續發展之道，也是麗山綠色農園永

■父母85大壽四代同堂。

■以父母名字成立玉山清寒獎學金，長期資助清寒學子。

■麗山綠色概念農園科學化、電腦化管理水份、土壤EC、肥料。

■參加戈壁沙漠112公里馬拉松挑戰賽，體驗偉大是熬出來的意境。

■家庭旅遊全世界最美麗鄉村奧地利哈爾斯塔特。

■終生學習2013年取得博士學位。

■兒女成家立業人生一大樂事。

■農試所兩位博士技術指導蕃茄結果纍纍和蕃茄特色。

遠的願景使命，除此之外，他們將獲利所得部分提供清寒獎助學金，回饋社會，也呼籲大家一起推動綠色自然農業，支持綠色健康無害農產品。

求學職場追求完美 止於至善

沈榮祿國中畢業後，順利考上嘉義高中，因家境因素選擇至嘉義農專就讀，進入職場後想突破知識爆炸時代的職涯瓶頸，以保持競爭力，所以先後完成研究所和博士學位。他說：「博士學位是我人生追求學術的最高目標，過程辛苦，但希望此紀錄可以給兒女當榜樣。」沈榮祿強調：「人變老不是白髮和皺紋，而是停止學習的動力。」

二〇〇九年到中南大學研讀博士學程，因為他知道，身處競爭激烈的二十一世紀知識經濟時代，不能停止學習。他認為，知識和專業是解決問題的工具與方法。當時他是王品集團台灣大陸供應鏈主管，負責公司願景、策略、計畫、組織、流程、制度、管人理事，每天都在面對問題、解決問題，隨時下判斷和決策。沈榮祿強調，人不能停止學習，學習讓他快樂、成長；人不能原地踏步，活到老要學到老，停止進步會被競爭激烈的洪流淘汰。

開始寫論文時，為了宣誓自己完成論文的毅力和決心，曾參加鐵人三項競賽。在游泳項目中，就因抽筋延誤時間，直到規定時間最後才上岸，幸好後來靠體力、毅力和耐力才完成自由車、馬拉松等全部賽程。

在三年寫論文的期間，工作、讀書兩頭燒，鐵人三項「永不放棄、Never Say Never」的精神，伴隨他走過艱辛且寂寞的博士論文旅程；但徒有鐵人精神是不足的，因時間不夠用，大陸、台灣兩地業務繁多，曾有放棄念頭。但是他想一想，放棄是最容易的決定，堅持是最困難的選擇，成功的果實通常是給堅持到最後一刻的人，加上太太的刺激與鼓勵，總是告訴他「你能做到」，伴著他寒窗挑燈夜戰，適時遞上溫暖的咖啡與茶水，陪伴他走向康莊；他感謝的說：「她及我的一對子女總是適時給我力量和精神糧食，我能拿到學位，家人給予的動力功不可沒，感謝她們的一路相隨相伴與激勵。」

寫論文有如鐵人三項過關斬將披荊斬棘，關關難過關關過，沈榮祿最感謝指導教授劉咏梅，一路指點迷津，從研究什麼題目？用什麼研究方法？要解決什麼問題？有創新性、有貢獻、甚至實用性？應用到校外期刊論文、校內學位論文？劉教授有如教練般教導技巧、方法和基本工，如明亮的燈塔讓他有方向、目標，不致迷航。博學、為人謙虛有禮、待學生有如家人朋友的她，讓沈榮祿有信心找到解決方案，她是他永遠的老師、一輩子的好友，刻骨銘心地永遠記住她的指導。

不僅如此，沈榮祿在職場擔任專業經理人的經驗豐富，曾參與企業許多重要規劃。

一、多次開店規劃、具拓荒者管理能力特質

曾經在家樂福、DFI-GEANT、台糖量販連鎖體系籌備第一家店開設。生涯籌備開設新店十二次，具備創新策略思維、高度抗壓性、有效率執行力、良好領導統御管理能力。

二、GEANT、愛買公司合併（Merger）

GEANT、愛買電腦系統合併，主導整合系統改善專案工程（project leader）。因合併事前準備工作疏忽溝通不良，建檔連結錯誤造成系統嚴重錯誤，使系統無法運作，廠商協商條件促銷折扣遺漏，經過他重新抽絲剝繭、跨部門整合協調，終獲改善，減少一億損失，從失敗中學習寶貴經驗。

三、台糖生鮮員工基因改造工程（gene reengineering）

突破傳統國營管理文化，從態度（attitude）、行為（behavior）改造到組織行為，改變經營體質，提升執行力，帶領台糖員工化腐朽為神奇，使台糖生鮮部門營業額市占率（台糖一二·五%大於家樂福九·五%）、毛利率貢獻度（台糖二三%大於家樂福二〇%）優於市場第一品牌家樂福。

四、王品連鎖餐飲多品牌供應鏈建構，獲得供應鏈卓越獎

他擔任王品集團採購主管，還因連鎖餐飲多品牌供應鏈建構，獲得供應鏈卓越獎，包括創建餐飲多品牌供應鏈管理制度，品類、品牌經理人制、獨創餐飲多品牌供應鏈品類成本責任中心制、成本管理五步棋，及應用大數據於大宗物料趨勢分析預測與計畫性採購、物料策略管理、供應商ＡＢＣ管理、採購詢、比、議管理制度、食品安全預警機制，還有籌建蔬果截切配送廠等。

雖曾任台灣最大食品採購主館，年採購金額百億元，也曾年薪千萬元，但他常期許自己

具有永遠替企業發現問體、解決問題、創造專業的經理人價值，企業生涯秉持「最好方法永遠還沒生出來」的原則，沒有最好只有更好，不斷追求完美、止於至善。

精彩人生
行有餘力貢獻社會

學生時代喜歡運動，沈榮祿曾經是大學運動會一一〇米高欄冠軍，他喜歡自我挑戰，還泳渡日月潭、騎自行車登阿里山、武嶺、鐵人三項、戈壁馬拉松等，具備運動員不怕苦不怕難的特質，凡事追求精準卓越，也是他做事的準則。雖然工作忙碌，他仍持續運動，認為事業的基礎建立在健康身體，惟有健康身體才能面對工作壓力和挑戰。

沈榮祿說，戈壁馬拉松的挑戰有一句箴言：「偉大是熬出來的。」讓他體驗最深。他的旅遊足跡到達五十個國家，曾經登百岳、參加喜馬拉雅山基地營、到亞馬遜熱帶雨林探險，他認為，讀萬卷書不如行萬里路，希望不斷體驗人生、豐富生活品質，未來還要和太太完成旅遊百國，人生才不虛此行。

他自王品集團退休後，協助兒子創業，將於今年蕃茄季結束時完成人生階段性任務。他記取恩師、嘉義大學校長邱義源的話：「把豐富的經驗帶進墳墓，那是罪過。」所以去嘉義大學擔任兼任教授，希望把豐富的企業管理經驗傳承給下一代，也算是對社會責任略盡綿薄之力。

此外，為感念父母當年清寒仍辛苦養育他，故以父親沈麗山、母親游玉治的名字設置「玉山清寒獎學金」，協助好學清寒的學子，他強調，人生苦短，行有餘力，行善最樂。

成大
EMBA

用保險拉你的人生一把 成功打造事業第二春

富邦人壽襄理

沈麗雪

■左：雪球魔法團隊一月一活動，雪Q餅製作。 ■中：2007年就讀EMBA與同學師長的砌磋，翻轉了我的人生事業。 ■右：在EMBA遇見貴人同學楊美娟，職涯的第二春就此展開。

EMBA

用保險拉你的人生一把 成功打造事業第二春

台灣保險業從業人員有三十萬人，保險滲透度全球稱冠，平均每人有逾兩張以上的保單，但每人平均壽險保額卻只有新台幣五十六萬元，造成許多臨老病亡卻保障不足，得不到好的照顧，拖累家人的案例，聽到之際，每每令人心酸。

在國寶集團當到人資長，卻在位高薪優之際毅然決然脫離舒適圈，跨入保險業，富邦人壽襄理沈麗雪回首來時路，也認為自己很大膽，作了一件令家人、同事、長官、朋友都不可思議的改變。

國寶集團歷練二十年 辭人資長另闢棋局

國寶集團是國內首家將納骨塔位不動產證券化的企業，更由「葬」產業向前整合到「殯」產業，亦是國內第一家推出生前契約產銷服務合一的集團。沈麗雪東吳大學企管系畢業後即進入國寶集團工作，經過秘書、客服、專案、行政管理、人力資源等職務輪調二十年。

她回憶在擔任秘書那三年，董事會六位常董時常從週一到週六、從上午九點到晚上十一點開會商討集團大事，沈麗雪全程與會記錄及追蹤，除了能力備受董事會肯定外，更奠定了她的策略思維；而總經理更直接調升當時廿四歲的她為客服部主管，是全集團最年輕的女主管。沈麗雪常告訴自己，多元化才能持續創新與成長，所以她積極爭取調派新職務，而且年年考績都是特等。

在國寶集團第十七年，她遇到公司易主的職涯最大挑戰，所有董事、大股東賣掉手中全數持股，董事會全面改組，總經理由專業經理人接任。當時的她擔任總稽核兼管經營分析室，直屬董事會，新總經理上任面談各部室主管，對她說：「經營分析室裁撤、稽核交接」，她暗忖自己將面臨被資遣一途；但總經理接著對她說：「妳直接調升管理處處長，統籌全公司人資、客服、全國資材調度管理、總務採購等，相當於人資長位階。」當時她的心情像坐雲霄飛車！面對這升官加薪，卻沒有絲毫喜樂，只有深深的疑惑……」。

「從混濁漸漸沈澱後讓我有所覺醒，也種下我跨業轉職的念頭。」沈麗雪思索：「我們一直認為的貴人，不一定能幫你一輩子，而不認為是貴人的人，可能一下子就幫你推上雲端；人生是自己決定，還是交給別人？」

沈麗雪會在國寶集團堅持工作這麼久，是因為對她協助催生的「從殯葬到保險」全生涯

■2018年7月於高雄85大樓君鴻飯店舉辦會員大會，EMBA活潑多元，圖為十天使合照。

■一年一旺年會，在京華城舉辦，雪球魔法團隊代表合影。

■受賴士葆立法委員之託，協辦在中國科大舉辦之銀髮族耶誕晚會，以盡回饋社會之效。

■為增進銀髮族照護，主辦校園桌遊小天使培訓專案，本梯與東吳大學社工系合作。

■一年一賽，全國EMBA馬拉松比賽成大啦啦隊隊長。

■2017全國EMBA鐵馬論劍大會盟於台中，擔綱主持人。

■受王鴻薇市議員之託，主辦在台北市立博愛國小親子理財營桌遊活動。

■擔任南門國中家長會委員，與志工家長及導師合影於南門國中。

■富邦績優人員表揚大會，與董事長賢伉儷合影於台北國際會議中心。

■一年一賽，全國EMBA羽球比賽，成大啦啦隊隊長。

■2014參與台北富邦馬拉松，要活就要先健康後快樂。

規劃的功德事業」有使命感。直到公司易主之際，她才開始省思：「後半人生要續當別人棋盤上不自主的棋子？還是自闢棋局當主人？而在大趨勢浪潮下，什麼核心力才能立於不敗之地？」

仔細思索後發現，如果她想繼續實行「全生涯規畫」的使命，又想鍛鍊業務力並擁有團隊，最適合的產業就是保險業，最適合的職務就是做業務。因此決定從服務啟動，定位保險顧問就是家庭風險的醫生，預防勝於治療，在風險發生之前就為客戶做好轉移、規避、因應規劃。

讀EMBA 擺脫金頂電池命運

沈麗雪的先生是她大學同學，很清楚她對持續學習的渴望，但是從她進入職場起，每天到家時間都是晚上九點以後，甚至常到深夜十一點，先生心疼她，但屢勸無效，有天問她：「讓妳選擇，妳要當可充電式電池？還是金頂電池？」她思考後回答：「可充電式電池才能走得長久。」但先生回她：「妳現在卻在當金頂電池，總有一天會耗盡能量被丟進垃圾桶。如果把放電時間拿來進修充電，我會支持妳。」

這臨門一腳，讓她重回校園考取成大EMBA，為的是南下上課時，還可以探望在台南的公婆。

念ＥＭＢＡ對沈麗雪最大的幫助，是激發她多元思考能力，也讓她有跨產業的視野與朋友，「在這裡我得到真平等，有發揮的舞台。」沈麗雪被推選為副班代，常常有許多活動找她主持，練就了她日後千人國際大會主持的功力。

在二〇〇七年就讀成大ＥＭＢＡ時，她認識了同班同學富邦人壽楊美娟經理。她觀察楊美娟不僅是商業周刊超級業務講堂歷屆的金牌講師，更是享譽國內外的演講者，其國內演講跨銀行業、房仲業、汽車業、傳統產業，國外演講更遍及中國大陸各大保險公司、美國ＭＤＲＴ全球年會；在成功光環下堅持「培植團隊不止於績優，更要具國際視野」的理念，更令人佩服，原來貴人就在身邊，拓展新局勢在必行！

她觀察楊美娟團隊，從安泰人壽到富邦人壽，連續十八年都是全國第一名的團隊，夥伴們快樂工作、收入豐厚、多元學習、國際視野，只有學長姐提攜學弟妹的手足之情，沒有勾心鬥角的職場政治；沈麗雪說：「我相信它一定有成功複製的系統，但我必須放下過去，重新淬鍊。」、「我告訴自己轉業是我唯一的路，因為我已看到期待的未來了。」

轉戰保險業 連續七年獲ＭＤＲＴ

儘管已是有二十年資歷的人資長，沈麗雪二〇〇一年轉戰到富邦人壽時，自願從基層做起，因她堅信只有親自走過，未來才有能力輔導夥伴、培養徒弟。沈麗雪是「顧問式行銷」

的力行者，她要求自己「用保單健診幫助客戶了解其保單現況，再來討論保障與責任之間是否有缺口或調整之處，再量身訂作保險規劃。」她要作保險界的7-11，儘可能全方位解決（Total solution）客戶的問題。

她說，保險功用有二，一是「雪中送炭」的壽險、醫療險、意外險、防癌險、長照險，一是「錦上添花」的退休養老險，而客戶在面對保險有二個永遠（Forever）定律：一是購買時永遠嫌保費太貴，一是理賠時永遠嫌賠太少，這都是我們要提醒客戶的關鍵點。

沈麗雪常分享〈兩滴眼淚的故事〉，而這有保險沒保障的故事主角，竟是她的父親。原來，多年前，她的父親因高燒不退，到醫院掛急診，未料院內交叉感染再加上誤診手術導致血崩，短短時日，讓父親走著進去，躺著出來，從此只能入住附有洗腎設備的養護中心，養護月費再加上營養輔助品，每月六萬元由她及哥哥分擔。她還記得，母親每天不畏風雨坐捷運再轉公車去陪父親、照顧父親，就算遇到颱風公車停駛，母親也騎車長途跋涉去看父親，深怕養護中心一位外勞同時照顧六位病患無法周全；一心又怕每月六萬費用會拖垮子女家庭。終有一天，母親含著淚對父親說：「老爸，如果可以，你就放手走吧！你拖累我就算了，兩個孩子家庭路還很長。」父親無法講話，眼淚從眼角流下來。說到這裡，沈麗雪也哽咽淚盈……。

因此讓她開始重視保險、徹底了解為什麼父親明明有保險，為何都沒賠？直到現在，她把保險當成信仰在推廣。沈麗雪說，她有位客戶是上市櫃公司財務長，找她規劃保險，她先幫她作保單整理並與她討論，發現單身的客戶需要長照險來呵護下半輩子，但客戶認為自己勤做瑜伽、飲食養生，自認不會有長照風險暫時不規劃，沒想到一年後，卻發生阻塞性腦中風住院治療。

「她一出院就來找我，不是問理賠有多少？而是問我還可以保長照險嗎？她很後悔當初沒有聽我的建議，也希望成為長照險的推廣者，用自己的故事去提醒每一個人。」沈麗雪說，保險是積德事業，她常說：「我是用保險交朋友。」做保單健診，是真心想幫助對方了解現況，當他了解保障與責任相當，不用跟我買保險也沒關係！沈麗雪懇切的說。

這種專業助人、服務優先的工作態度，讓沈麗雪贏得客戶信任與支持，她已連續七年拿到全球保險業最高榮譽美國百萬圓桌「MDRT」的資格，她說：「成為MDRT終身會員，是我對客戶專業服務的承諾！」。沈麗雪另一個志業是講師，擁有教育部部定講師資格的她，在各大專院校演講、授課；具有國際專案管理師（PMP）資格的她，也在各職業公會講授國際專案管理師實務課程；教過的學生從十八到七十歲，從大一學生到企業主累積達數千人。她笑說：想作的事情太多，時間總是不夠用！

有一對兒女的沈麗雪說，以前內勤上班時太忙，無法好好陪孩子，轉行當保險顧問後，時間是彈性的，事業是自己的，家庭是最重要的，所以每周　天「家庭日」陪著孩子吃喝玩樂，因為人生不只是工作，生命就該多采多姿！

小妹到第二把交椅 愛拚才會贏

連暘國際董事長特助

李佳穎

■左：參加2017年中山EMBA壘球賽。 ■中：參加夫家二哥、二嫂兒子的婚禮。 ■右：參加 2018 年屏東高樹蜜鄉國際馬拉松。

小妹到第二把交椅，愛拚才會贏

郭台銘曾說：「成功的人找方法，失敗的人找理由」。十幾歲起就在金屬產業從貿易公司小妹、拆船業業務助理、銅片製造廠、鋁合金錠熔煉廠，一路上經過各式金屬原料上下游歷練，到年營業額十三至十五億元，專營鋁、鋅合金錠貿易的連暘國際第二把交椅，堅韌的性格讓她一路上勇於面對，為工作找方法，終於悠遊於產業之中。

「我就像俗話說的吃銅、吃鐵、吃到阿魯米（鋁）。」李佳穎笑著說，經過各種五金產業的歷練，目前於連暘國際擔任董事長特助。連暘國際專營鋁、鋅合錠的進出口貿易，也是中鋼鋁業全台兩家代理商之一，公司由老闆負責前端的盯盤點價，李佳穎則協助老闆鎮守公司做後續的接單和財務調度工作，度過二〇〇八年金融海嘯時的原物料大崩盤，十多年來與上、下游廠商建立穩固的供應鏈關係！

廢五金入行

吃銅、吃鐵、吃到阿魯米

由於家庭經濟因素，用半工半讀爭取繼續讀書的機會，李佳穎在高雄高商夜間部就讀時，白天到專門為鋼鐵工廠物色廢棄船隻的日商三和貿易當送文件、跑銀行的小妹。當時高雄的拆船業欣欣向榮、全球知名，畢業後公司會計介紹她到國際拆船公司工作，讓她了解到一艘船報廢拆解後，還有很多可以再利用的價值。一九八六年有一艘停放在高雄港的油輪發生大爆炸，引起國內許多檢討的聲浪，高雄的拆船業自此沒落。

肯定李佳穎工作的表現，國際拆船公司轉介她到第一銅鐵上班，又讓她了解銅的製程。待了一年多後，想換個領域學習，李佳穎又到剛成立的鋁合金錠熔煉廠——新格發公司擔任業務助理，了解鋁合金錠的製造過程。

擔任業務助理，在業務接單回來後，要負責跟客戶聯繫，安排後續的生產和出貨。李佳穎當時因不懂原料，很難請生產部門配合，於是她利用下班時間用心把原料搞懂，取得生產部門的合作；出貨卻又碰到倉儲無法配合，於是她自己跳上堆高機試圖自行堆貨，把倉儲人員嚇了一跳，也因此取得倉儲的配合；在原料給客戶後，發生客訴，要添加原料，必須自己送，李佳穎請資材開貨車載去過磅，但資材也因為忙碌而無法協助，於是她又自己跳上了三．五噸小貨車，把資材單位也嚇了一跳，自此串聯起整個生產、交貨流程，也獲得老闆的賞識。

雖然有工作經歷但是沒有傲人的學歷，為了想調薪，李佳穎到高雄海專進修，在三年間完成學業，取得專科學歷，也找到人生中的另一半。但由於夫家在鹿港，剛好新格發公司要

■參加2017中山EMBA壘球賽。

■2016年擔任國立中山大學台南市校友會總幹事,理事長陳素蓁頒發證書。

■論文指導吳基逞教授同門各屆學長2018年參訪交流。

■參加中山大學台南校友會日本九州企業參訪。

■2017年5月20日鯨湛咖啡會館開幕。

■歌唱班受邀上信吉電視台現場直播高唱歌曲。

■中山大學EMBA仕女會參訪郭文秀學長的三惠製材所。

■高雄校友會活動達成第一座百岳合歡山。

■春節與兄弟姐妹一同至安養院探望父親。

■全家福。

■2019年海南島員工旅遊。

到大陸發展，李佳穎順勢把工作辭掉，到鹿港與先生共同經營水族館。

婚後李佳穎生了一對兒女，但由於景氣不好，水族館生意每況愈下，於是跟先生一起加盟鹿港的羊肉羹，回到家鄉高雄林園開店，但又因為生意不佳，再轉換到鋁錠熔煉廠上班，從採購、出貨、驗收到收款全部一人包辦，也在業界闖出一點名氣，其後先生也到下游客戶在苗栗經營的壓鑄廠工作。李佳穎一個人帶著兩個年幼的孩子在高雄，夫妻兩人自此展開長達近十年分隔兩地的生活。

不料後來公司經營不善，老闆不得已借錢借到錢莊，李佳穎也義氣相挺因此被牽連，最後存款簿裡剩下二十七元，生活陷入困境，連夜帶著孩子搬家到台南，到之前新格發業務經理黃泰瑋先生經營的連暘國際公司上班，服務至今十五年。

價格、技術加信譽 連暘業界勝出

為發展連暘公司業務，李佳穎請在苗栗壓鑄廠從技術人員做到廠長的先生回來跑業務。由於連暘是貿易商，業務工作需面對下游壓鑄廠，先生反而成為下游廠商的技術諮詢對象，後來公司又請了先生在壓鑄廠的另一位同事負責中、北部的銷售，全省業務均由具壓鑄專業的人員擔任，能夠針對客戶的需求提供量身訂作原料配方的服務，並協助提高產品良率，降低被模仿的機率，成為連暘公司的一大優勢。

李佳穎分享，公司專營鋁、鋅合金錠，但近幾年有進口料、二線生產工廠競爭，也必須要靠實物貿易的期貨點價，來調配壓低進貨價格。在國內價格高時，公司會根據當時國內價格、國際匯率波動來安排進口或出口鋁合金錠；鋅合金錠以中鋼供貨為主，但也會配合客戶要求而進口。董事長黃泰瑋先生總能給客戶非常棒的價格，也是連暘的一大優勢。

由於貿易商必須要盯盤價，所以工作時間長，李佳穎回想，以前中鋁可以點價到晚上十點，早上八點多上班，晚上十點、十一點下班也是家常便飯，還好後來點價時間提早到下午五點前，但現在多半也是晚上八點、九點才會下班。

還有，國內、外開盤、放假時間都不同，這也是貿易商最辛苦的地方。李佳穎分享，這其中最辛苦的是要盯盤價的老闆，早上八點要起床看國際新聞、九點國內開盤、下午四點半以後又要注意行情，準備跟中鋼鋁點價，午夜十二點到二點要看國外行情價，只能在中間利用時間休息；還有，公司員工旅遊，業務部門也沒辦法好好旅遊，因為價格來了要給老闆，老闆發給業務，業務再報價出去，這段時間國外有上班，所以即使參加員工旅遊，常常也只是換個地方上班而已。

連暘公司曾經遇到過比較大的瓶頸，是在二〇〇八年金融海嘯時，原物料價格曾飆高又急跌。李佳穎分享，二〇〇八年以前，價格每天一直飆高，公司為了鎖住價格一路訂貨，但金融海嘯發生時，短時間內又從一百三十元回落到六十元，當時曾遇到客戶毀單，其實是找便宜的鋁合金或鋅合金再買。

為了避免客戶流失，當時老闆直接用當天現價給客戶，或者直接把價格砍半，請客戶用現金付款，取得客戶信任創造雙贏機會，也安然度過危機，但公司自此控管接單交貨期在四十五天以內，以降低風險。

連暘會儘量給客戶優惠的價格，也會提供客戶即時的訊息，通知好的購買點，因為長期耕耘的信譽，有很多跟了十幾年的老客戶。

經營重視信譽，連暘老闆曾說，如果自己疏忽，即使報價少一個零，出去到客戶那邊，連暘也是要認，因此，掌管人才任用的李佳穎，為公司挑選及教育員工也十分用心，曾經有員工轉職後被同業大力稱讚，並詢問她調教的方法。

李佳穎以自己一路走來的學習方式為藍本，一般會聘用從沒跨過這個領域的人員，並請員工先按她的SOP做事，上手後再改良成自己的方式。她也要求員工隨時筆記，不懂再自己提問，而為了要能教員工，自己至今仍不斷學習與提升。

感恩貴人 EMBA開啟視野

公司每年營業額約在十三億元之譜，算起來平均一個月大約在一億元左右，經手這麼巨大的數目，李佳穎很感恩老闆黃先生的信任。原來，老闆也是李佳穎生命中最重要的貴人。

李佳穎回想當年前公司經營失敗，是老闆給她機會到連暘重新開始；從高雄搬到台南，人生地不熟，是老闆夫妻處處照顧，幫忙打點孩子就學事宜；工作穩定後想在台南買房子，跟老闆借頭期款五十萬元，老闆居然二話不說借了她一百萬還讓她無息償還；就連她到中山大學ＥＭＢＡ進修，也是老闆先進修後，覺得對於個人提升很有幫助，而由公司全額補助她進修。

李佳穎回想入行以後很多貴人，新格發黃老闆的栽培，讓她從原料到生產流程、客戶應對都學習很多；因為工作時間長，孩子在安親班必須待到晚上十點、十一點，也感謝安親班的主任幫忙照顧孩子；甚至連經營失敗後搞失蹤，連累她幫忙還債的前公司老闆，李佳穎也心存感恩，因為也是這些經驗，才讓她有今天的生活。而負債時先生沒有一句責難，後來工作時間長，又到學校進修，先生也一路欣賞並支持，「我也不知道自己當初怎麼這麼有眼光，找到這樣脾氣好，ＥＱ高的另一半。」李佳穎笑著說。

加入中山大學ＥＭＢＡ進修的行列後，認識了各行各業的朋友，李佳穎的視野打開，生命增加了很多色彩，還跟中山大學ＥＭＢＡ的三十餘位學長姐一起集資，在高雄河堤社區開了「精品河堤會館——鯨湛咖啡」咖啡館，不定期舉辦畫展和精品咖啡品嚐活動。以前遇到朋友送公司產品，自家的鋁、鋅合金錠都拿不出手，現在的她，好開心能夠與朋友交流自家咖啡館烘焙的精品咖啡了。

蓄積創業能量
開創登峰造極之路

太和環控系統總經理

李志和

■左：107年10月10日玉山入口留影。　■中：107年10月31日萬聖節BNI富和分會的專題演講EDM。
■右：107年7月與女兒一同在屏科大領取畢業證書後的合照。

蓄積創業能量，開創登峰造極之路

喜歡爬山的人都知道，在登山界流傳著一句名言「我們征服的不是高山，而是自我」，這句話出自於熱愛挑戰極限、舉世聞名的紐西蘭登山家希拉里。創下人類史上首位攀登世界第一高峰「聖母峰」紀錄的他，儘管爬過無數山岳，但面對壯闊高山，仍始終保持初次爬山的初衷般，以謙卑態度做好最佳準備、挑戰自我，然後勇敢邁出第一步。

這句話套用在創業歷程上也十分貼切，對曾登過台灣最高峰玉山前峰的太和環控系統總經理李志和來說，心情何嘗不是如此。留著一頭俐落短髮、體格健碩的他說：「開公司、當老闆一直是自己的夢想。」甚至從三十二歲起就在心裡醞釀著創業夢，但他卻一直等到四十歲才一圓頭家夢，因為他知道創業無法躁進，而是要懂得看準時機，因此他足足花了八年時間蓄積夢想的能量，讓自己築夢踏實。

工作面向多元發展
磨出創業十八般武藝

回首一路走來的職涯歷程，李志和當年從學校畢業後，就先進入「宏遠電訊」的經銷商發揮所長，兩年後轉往「達網國際」任職，起初先從工程師開始做起，後來又逐步擴展到系統規劃、系統工程、業務等層面，並從中接觸到財務報表等內容，工作職務的多元化發展，雖然讓肩上擔子變重了，但也讓他在這期間逐漸磨練出「開設一間公司」所需的十八般武藝。

因工作能力強、業績表現亮眼，當時的李志和在公司已升任至可獨當一面的南區區經理，業務範圍涵蓋嘉義以南、屏東以北，公司一個月光營業額就可達五、六百萬元，而他個人薪資亦有十幾萬元，可說是不折不扣的「高薪一族」。

位居高階主管加上百萬年薪，從多數上班族眼光來看，李志和可說是「職場勝利組」，照理說可穩扎穩打地一直做下去，為何還會想要出來創業呢？李志和笑著說，「或許是與生俱來的愛挑戰性格吧！」，而當時的客戶好友也十分鼓勵他，加上想到身處私人企業，即使再努力也是為人作嫁，也擔憂哪一天企業大裁員，自己得回家吃自己。幾經思量後，他決定闖闖看、嘗試更大的挑戰。

就如同一隻奮力展翅飛過汪洋的孤鳥般，既然決定創業，就不能有所畏懼，李志和亦是懷抱這樣的心情，靠著這幾年在職場積累的創業能量與努力攢下來的三百萬元基金，他在不惑之年選擇跨出了原本熟悉的職場舒適圈，轉身踏上未知的創業旅程，正式創立了「太和環控系統」。

所謂自助而後天助，靠著過去在職場累積的好表現，讓李志和的創業路一開始就受到老天爺眷顧，在好朋友引薦下，第一個CASE是為在大陸經營皮革工廠的台商客戶打造自動

■107年11月屏東山湖觀golf-CSU 張國慶學長、吳宗翰、CSU張文雄學長、我。

■108年3月1日與台北市長柯文哲於高雄漢王大飯店合影。

■108年高雄市長韓國瑜參加BNI-INW國際人脈交流全體會員合影。

EMBA

■107年9月CSU廣東韶關參訪。

■107年9月CSU廣東韶關參訪。

■CSU-S-108年春酒活動與屏科大學長及南台科大學姐淑薰一同合影。

■107年10月10日好友一行人登山慶祝中華民國生日快樂。

■107年11月19日與BNI會員一起培訓上課。

■105級屏東科技大學EMBA全班合影。

■畢業典禮屏科大——管理學院院長劉書助致贈感謝獎狀。

■左起陳易聖、我、曾俊嘉、前方太座老婆陳麗珠、女兒李乃依一同參加我的撥穗儀式及畢業典禮。

化生產線，預算高達一千五百萬元。然而預算高，但挑戰也不小，除了要為客戶設計一整個涵蓋門禁、電話、網路通訊、生產車台等整合式系統外，還要克服大陸當時因供電不穩定、導致三不五時就跳電的棘手問題。為此，他除了依照客戶需求量身打造客製化生產線外，還特別幫客戶架設大型發電機，徹底解決電力不穩的問題，成果讓台商客戶相當滿意。

感謝客戶給機會 打一劑強心針

「感謝第一位客戶給予的信任，讓我順利踏出第一步，宛如打了劑創業強心針。」李志和說，由於創業模式是採取 B to B 的方式，很多客戶都是仰賴口耳相傳的引薦與介紹，所以他深知一定要具備專業技術與優良品質，才能建立良好信任關係，進而擴大人脈圈，因此他始終很感謝這一路上每位願意給他機會的客戶。

靠著好品質建立的好口碑，也讓「太和環控系統」逐漸在業界打響名號，如今全高雄有多達三分之二的房仲業者，其安全管理系統，都是由太和負責統籌規劃，不僅企業員工數一年比一年多，去年更從台灣擴展到中國大陸，在廈門設立分公司辦公室。

而隨著公司規模日益成長，也讓「員工管理」成為李志和在積極擴展業務之外的另一門重要功課。喜歡看歷史小說的他，還從歷史故事中學習如何識人、用人，他說自己最佩服的是漢高祖劉邦，不僅有「馬上得天下，馬上治天下」的帝王氣魄，更有識人之明的雄才大略，是他心中的經營者典範。

企業如生命共同體
老闆與員工就像夥伴關係

「老闆與員工其實是團隊合作的夥伴關係，如何凝聚彼此的共識與向心力很重要。」李志和以《狼群理論》一書為例，老闆是狼群中的一員，是負責在自然界中探路、找路的人，背後必須要有員工做後盾才能一路向前，因此身為老闆不能擺出高高在上的姿態，而是要能主動了解員工的職場文化，試著融入其中。

他舉例，像是有員工下班後喜歡聚在一起喝兩杯、喜歡到ＫＴＶ高歌一曲，雖然自己不愛喝酒，但他一樣可以透過喝飲料的方式加入其中、與員工同樂，並負責作東買單，藉此慰勞員工努力為公司打拼的辛苦。

不只如此，在李志和看來，做老闆的更「不能只出一張嘴」、不能只會發號施令、叫底下員工做事。他一再強調，企業是靠老闆與員工一起同心協力的「生命共同體」，經營公司不能完全仰賴員工，而是要老闆身體力行。

經營客戶亦是相同道理，李志和說，要維繫和客戶間的穩定關係，不能都靠員工去談案子，老闆也要用心經營與客戶的關係，以他自己為例，目前公司經手的幾個大案子，就是都由他親自出馬去談來的。

法國知名作家羅蘭說過「性格決定一個人的際遇！」創業之路亦然，不可能皆一帆風順，但「性格」與「態度」卻是影響一個人能否跨越關卡的關鍵。李志和表示，從創業到現在也曾經歷幾次危機，像是有客戶因投入資金過多、擴廠速度過快，一時週轉不靈，來不及將該支付的案子款項按時給他，由於金額多達數百萬，讓他創業第二年一度面臨資金調度的危機，幸好有朋友伸出援手，助他度過難關，令他深刻體會到「出外靠朋友」的真諦。

把創業路上的每個人都看成自己的貴人

「回首創業歷程，無論是幫助我的人，還是拉我後腿的人，我都把每個人看成自己的貴人。」向來秉持正向思考的李志和，將每次面臨的考驗與挑戰都當成是「練功夫」的學習機會，也讓他得以從中累積經驗、練就解決問題的能力。

而在商場上展現企業家大器的李志和，一談起家裡的寶貝孩子，眼角立即露出藏不住的笑意，顯現鐵漢柔情的一面，重情重義的他不只是家人心中的好父親，更是ＥＭＢＡ校友眼中的好同學，與生俱來的海派性格不僅讓他與多位學長成為肝膽相照的「換帖兄弟」，更是生意往來的好夥伴，大夥常聚在一起暢談人生，分享經營心法。

「當初想去屏東科技大學攻讀ＥＭＢＡ課程的原因，是因為感覺腦袋快要生鏽了，覺得自己應該要找時間除鏽。」談起重拾書本的進修動機，李志和笑著說，原本只抱著重回校園充電的想法，沒想到實際收穫比原本預期的高出太多，不但結交到一輩子的好朋友，所學更回饋到企業管理上。

攻讀EMBA
學到邏輯分析與組織架構能力

李志和說，攻讀EMBA的最大收穫是學到邏輯分析與組織架構能力，不會再像過去那樣有時會陷入瞎子摸象、散彈打鳥的窘況，而是更清楚了解自己當下該做什麼、不該做什麼，好比寫論文這件事，過去從未接觸過論文的他，一開始覺得寫論文根本難如登天。但指導教授告訴他，只要先把論文大綱架構出來，再去收集資訊與歸類，就能藉由疊床架屋的方式，一步步將論文完成。

他也將這樣的組織架構能力，應用在公司業務與領導管理上，例如接到一個新案子，首要之務是先進行專案管理，考慮什麼樣的功能才是客戶真正需要的，把組織架構建立起來，再由員工各司其職，並尋求適合的協力廠商來攜手完成，不僅邏輯因此更明確、工作效率也提升許多。

而在EMBA的邏輯思維訓練下，也讓李志和對公司未來發展目標更了然於心。他表示，短期目標是先站穩腳步、擴展人脈；中期目標則是放眼大陸、以廈門為據點深耕福建市場；長期目標則是著重國際佈局，往東南亞擴張，積累更大的營運能量。就如同攀登峰峰相連的群山般，早已站上這座高山之巔的李志和，已預備好往下一座山頭邁進的步伐，準備迎接更天高地闊的人生視野。

高科大
EMBA

高球人生二十載
推廣太平洋聯盟

太平洋聯盟高雄分部經理
滕中文

■左：最喜愛的運動GOLF。 ■中：參加扶輪授證儀式報告。 ■右：高應大企管研究所論文發表。

高球人生二十載，推廣太平洋聯盟

NBA退休後愛上高爾夫球的籃球名將姚明曾說：「高爾夫就像馬拉松，每場要打四、五個小時，就像生活中有很多事情需要很長時間的耐心和積累的過程。」原來，在打一場球的過程中，球友間彼此會看到同伴是用什麼態度面對和處理各種狀況，真實的性格會在無意中表露，也因此，透過高爾夫相知的朋友，往往可以維繫一生。

五十一歲學校退休 開啟人生事業精采後半場

二〇〇九年於北美成立、二〇一二年進軍中國、二〇一六年開始發展台灣市場、二〇一九年正式進軍南台灣的太平洋聯盟，透過聯盟型式整合世界高爾夫球場，聯盟球場逾八百家，顛覆「一卡一場」的高爾夫會籍體制，為高爾夫行業帶來變革。

太平洋聯盟高雄分部經理滕中文，雖然是今年才開始正式投入高爾夫球事業，但他與高爾夫球的情緣，早已綿延超過二十年，甚至早在二〇〇二年參加民生報主辦的史都華盃南北對抗賽時，就因為足智多謀、知人善任而擔任南軍隊長，並曾受邀於民生報發表多篇高球專欄評論。

談起所熱愛的高爾夫球，滕中文眉飛色舞，他說：「高爾夫球與其他運動不同，是一種與自己競爭的 mental game，重點不在打敗別人，而在挑戰自己！」而高爾夫一輪球要打十八洞，約耗時四到五個小時，「這期間需要百分之百的專注，而透過一次又一次自我的超越，終能讓原本快樂的人更快樂，讓原本不快樂的人暫時忘記煩惱。」

滕中文分享，早在十多年前，自己就會與球友相約出國打球，特別是中國大陸的球場多，各有其景觀及球道特色，而打高爾夫球的樂趣所在，除了要求自己的球技外，更會忍不住想要一一征服各地區的球場。

會加入太平洋聯盟的事業，也正是應十多年前網路認識的高爾夫球友，現任太平洋聯盟台灣區副總林定杰的邀約。十多年前一場網友發起的南北球友大會師——史都華紀念賽，竟能餘波盪漾至今。高爾夫球的魔力與友情綿延的加成效應，竟是促成今日台灣球友能有全球逾八百座球場行程可輕鬆安排的重要因子，著實令人驚嘆。

二〇一九年起，滕中文加入太平洋聯盟，負責開拓南部市場，除了與南部地區的球場洽談策略聯盟，以及開拓南部地區的會員外，還有一個很重要的計劃，就是響應高雄新市長韓國瑜「貨出得去，人進得來，高雄發大財」的口號，為太平洋聯盟的國際會員，開發「南台灣計畫」。

■中華兩岸EMBA聯合會南分會學長姐生日聚餐合影。

■中華兩岸EMBA聯合會南分會學長姐生日同慶。

■參加扶輪社中秋節眷屬聯歡晚會。

■碩專謝師宴。

■扶輪社頒發授證紀念品。

■跟太太遊香港在維多利亞港吃大閘蟹。

■太平洋聯盟高雄分部團隊成立。

■高雄應用科技大學EMBA高球隊。

■授證後和扶輪社友舉手歡呼。

■和女兒們一起出遊合照。

■太平洋聯盟台灣主管球敘。

滕中文分享，太平洋聯盟進入中國高爾夫市場已約有七年的時間，目前以二點五八萬美元的永久國際會籍、五百八十美元的年費，一卡多場的創新商業模式，提供會員一場球只要六十美元的優惠價格，就可預定暢打全球包括美、歐、紐、澳、亞洲頂級高爾夫聯盟球場，並可規劃諸如夏天到日韓或歐美，冬天到紐澳或東南亞打球，含簽證、機票、飯店、交通等一條龍式的精緻旅遊規劃服務，如今有近兩萬名會員。

而規劃中的「南台灣計畫」，主要是著眼於大陸原本運作多年的海南計畫已近飽和，值此同時推出「南台灣計畫」，希望能有效分散到大陸海南過冬打球的人潮，引進大陸會員來台旅遊和打球，並促進南台灣精緻旅遊的周邊商機。

滕中文也預計要在南台灣舉辦高爾夫球賽，以南部現行簽約的五間球場和洽談中的球場，初步計劃至少會舉辦六場賽事，邀請各地好友一同體驗南台灣各球場的特色。

海峽兩岸
開啟三段不同事業經歷

與大半的企業高階管理人不同，滕中文說自己的每段資歷都很跳tone。原來，他竟是在學校擔任公職近三十年退休後，近十年間才開啟海峽兩岸三段截然不同的事業經歷。

二〇一〇年從學校退休的他，第一份接下的工作，是友人邀請他一起到中國大陸做電子材料的市場開發；在中國大陸待了四年，回台後加入國內自電子業廢棄物中提煉稀貴金屬的重要廠商——弘馳公司，負責南部地區的業務，一做又做了四年半；直到去年底，才又在友人的邀約下，決定加入太平洋聯盟，推廣南部市場。

早期在中國大陸做電子材料市場，到後期也接觸到電子廢棄物的回收業務。滕中文回憶，在大陸市場的不確定因素相當高，任何事都有可能發生。由於兩地人民價值觀有相當大的差異，早期，連運送有價廢棄物都需要當地的保安幫忙押運；同時，由於做電子廢棄物回收需要許可證，但台商拿不到，必須和當地回收商合作，但合作廠商卻會掩飾利潤，以致於利潤難以掌握；也曾遇過加價標到回收物，原本預期有利潤，但卻遇到前期回收商低價出清庫存等狀況。

因此，滕中文在高應大的EMBA畢業論文，就是以「兩岸員工的人格特質與工作績效」為題進行探討。凡此種種，讓他在昆山待了四年後決定回台，原打算真的要退休，但後來又因當時兩個孩子分別在台北和新加坡工作，太太也還沒退休，於是他又加入弘馳公司。

「由於電子業產品多元，做回收需要了解各式產品的製程，往來的廠商也多，所以在弘馳學到很多東西，也認識很多人。」滕中文說。

然而，當多年好友邀請他加入高爾夫事業的經營時，雖然原本的事業穩定發展，但經過幾番長考，他還是不敵心中對高爾夫球的熱愛而答應了。有人說，高爾夫球 Golf 的精神，正是高爾夫運動中的四大元素——Green（綠色）、Oxygen（有氧）、Light（陽光）、Friendship（友誼）。從身體的健康、心情的愉快、事業經營上的專注與廣結善緣、比勝負更重要的友誼，如今看來，在過去二十餘年間，這四大元素隨時都在牽動滕中文的生命。

人生信念 唯愛與榜樣

在滕中文於高雄高工服務的最後一年，他也到學校旁邊的高應大就讀EMBA。滕中文分享，在高應大EMBA學的是管理和行銷，有兩大方向成為他日後的座右銘。滕中文認為，管理應該是「以身作則」，而行銷的重點則在於「將心比心」。他也分享雄工校長時常引用的名言：「教育無他，愛與榜樣而已！」說明不論己身對工作或子女有何種期許，能常保設身處地的心，和以身作則的自我要求，才是最重要的。

滕中文也分享他於二〇一八年起正式加入的扶輪社，其四大宗旨——「真實、公平、友誼、互利」，以及於團體中感受到的實踐氛圍，也與他原本的自我信念相同。

扶輪社是以增進職業交流及提供社會服務為宗旨，依循國際扶輪的規章所成立的地區性社會團體。扶輪社著名的四大考驗，在於要求社員們對於自己所想、所說、所做事，應事先捫心自問是否一切屬實？是否各方得到公平？能否促進親善友誼？能否兼顧彼此利益？並期許全世界的扶輪社員們，在事業及專業生活上據以遵行。

「在扶輪社裡有各行各業的大老闆，也有上班族，可以彼此交流，吸取各行各業的經驗。所有社員一律平等，互相尊重，互相稱呼英文名字，而不是××董事長，雖然有社長、秘書、公關等職務，但也只是因為各司其職，沒有階級之分。」滕中文說。

如此跳 tone 的行業轉換，以及大陸的經驗，家庭又是如何看待的呢？滕中文回想，任公職已近三十年，在學校的工作長時間都非常穩定，直到他申請退休，之後又到大陸發展之際，其實兩個孩子都已經上大學了，太太在高雄市政府服務，也十分穩定，一路以來對他也是抱持支持的態度。

談到兩個雙胞胎女兒，滕中文更是滿滿的自豪。自女兒幼年時期，滕中文為了照顧家庭，從高雄市公車處請調至學校機構，充份的陪伴和尊重讓他和女兒的關係親近。他說，他教子的原則就是告訴孩子：「不敢跟父母親說的事，就不要做！」這也正是回到他的人生觀點：「教育無他，愛與榜樣而已！」

因此，兩個女兒求學、工作都十分獨立，並受到學校教授以及公司的肯定，也一直是滕中文內心中的一大財富。「一切都是為了家庭」滕中文說，從穩定的公職生活、於EMBA進修、參加社團自我提升，到現在接下具挑戰性的新職務，這正是對自己人生認真，積極迎接各階段挑戰的「愛與榜樣」。

成大
EMBA

軍中極限訓練
打造產險業戰將

和泰產險台南分公司部長
林榮輝

■左：調任台南分公司（負責雲嘉南區）交接。 ■中：畢業前與成大E107級同學至紐西蘭旅遊，搭直昇機俯瞰福斯冰河區，並在山頂拍照。 ■右：成功大學EMBA107級入學迎新晚會。

軍中極限訓練，打造產險業戰將

和泰汽車集團於二〇一七年買下外商蘇黎世產險，成立和泰產險，近二年成長率均為業界之冠，讓國內產險及車險市場市占率大洗牌。深耕產險業二十六年的林榮輝，歷經外商和本土企業當家的不同學習，並一路自基層展業人員升任至和泰產險台南分公司部長，管轄雲嘉南地區，在業界可說是專業與資歷兼具的管理人才。

和泰集團入主後，和泰產險二〇一八年簽單保費收入六十四．八八億元，相較於二〇一七年成長率達三〇．三四％，在林榮輝的帶領下，雲嘉南地區簽單保費收入五．二三億元，成長率更是高達四三．八％，今年簽單保費收入將再朝六．三六億元邁進。

職場風風雨雨
他在專業路上一路堅持

於產險業資歷深厚的林榮輝，二十六年來始終如一並未換過工作，也因職務調派，曾至陌生的異地分公司任職，連續十幾年過著台南、高雄兩地開車通勤的日子，林榮輝也以其一貫的堅持，將逆境視為成長的鍛鍊，一路累積專業。

年輕時就喜愛結交朋友的林榮輝，在軍中服役十一年以少校特檢官退役，一九九三年經友人推薦，加入華僑產物成為展業人員，腳踏實地服務至今，歷經一九九五年蘇黎世金融集團入主，再於二〇一七年和泰汽車集團接手營運，更名為和泰產物保險。

林榮輝一路從展業人員升任至台南分公司的展業襄理、行銷襄理、行銷科長、核保科長、高雄分公司服務科長、分公司經理，到二〇一七年和泰集團買下台灣蘇黎世產險後，擔任高雄分公司部長，再於二〇一八年調任管轄雲嘉南區的台南分公司部長。

林榮輝回想，二〇〇三年時曾因台南分公司與高雄分公司合併，台南分公司歸屬高雄分公司管轄，自己也被調往陌生的高雄分公司，離開熟悉的舒適圈，不只需重新適應新環境，還要兩地開車通勤，內心感受最為深刻，但他仍以其在台南的工作及經驗，一本初衷從不懈怠，獲得高雄分公司主管的認同，並獲委以專案性的重要工作，找到足以展現能力的舞台。

持續進修不倦怠 做好準備再創高峰

林榮輝即使工作繁忙，仍把握時間至南臺科大四技專班行銷流通管理系進修，其後又進入成大EMBA高階管理研究所就讀。

於成大EMBA就讀時，他採用〈以計畫行為理論探討影響同質性商品選購行為因素

■2018年公司業績競賽頒獎。

■公司從中正路搬遷到崇學路的開幕典禮。

■和泰產險全公司業績突破50億。

■台南市長賴清德對台南市家長會長、總幹事的感恩茶會，感謝各家長會對學校的貢獻。

■文元國小第六任校長的交接就任聯誼餐會，家長會與會並與校長合影。

■和泰產險公司主管必修鐵人四項之一登玉山。

■大年初三家族聚餐合影。

■參加成大EMBA107級日本畢業旅行，時任班代。

■參加第14屆全國EMBA高爾夫球聯誼賽。

■2017年擔任成大戈壁後援會公關長，與會長吳祥向大家說明成大第一次參與戈壁挑戰賽的參賽意義及後援會的全力支援。

■和泰產險舉辦第一次家庭日活動，台南分公司獲得最佳團隊獎。

——以汽車保險為例〉此主題發表研究論文；林榮輝分享，這讓他懂得考慮經營成本和風險等諸多因子，也能夠從客戶端得到更多角度分析，使需求及服務更臻周全。除了將理論應用於實務，成大EMBA對於跨業交流、吸取成功經驗及擴展人脈也有非常多的收穫。

林榮輝認為，每一個人、每一件事都像一部電影，過程中一定會有精華可以擷取受益，只要工作、生活都能敞開心胸，用學習的態度面對，並跳脫框架、勇於挑戰，就可以讓自己變得更好。

熱心的信念 積極掌握每次服務機會

徜徉於學習的領域，除了視野的擴大之外，林榮輝更以其熱心的信念，積極掌握每一次服務機會。

二〇一六年，班上有兩位同學參加「EMBA商管聯盟鐵馬論劍環島」活動，是成大EMBA首次加入鐵馬論劍環島活動行列；思考到騎士們可能的需求，林榮輝主動號召E107級同學及在校生成立加油團，並在濱海公路上搭帳篷設立補給站，不僅給參加的同學們支持，也成功讓全國的EMBA感受到成大的熱情。

二〇一七年，成大EMBA首度參加「玄奘之路——國際商學院戈壁挑戰賽」，林榮輝也在成大EMBA後援會會長吳祥的邀請下擔任後援會公關長，協助後援規劃、行前記者會、慶功宴等安排，充分展現成大EMBA的凝聚力。

喜歡打高爾夫球的林榮輝，也以球會友，就讀EMBA第一年便接任成大EMBA第十四屆高爾夫球隊會長，並擔任兩岸EMBA聯合會南分會第一屆高爾夫球隊隊長，負責隊員召募、每月例賽及友校交流賽的安排事宜，從中認識許多志同道合的好友。

軍中訓練 養成堅毅與體貼的細心思維

除了對目標的堅持，設身處地的貼心思維是林榮輝活躍於團體間的重要因素。說到自己性格的養成，「或許是在軍中訓練的！」他分析。原來，林榮輝在軍中曾擔任行政參謀官，除行政文書工作外，亦如侍從官幫長官安排公關行政事宜。「要貼心幫長官想到細節，例如各級單位的對應、習慣偏好、行程安排等。」在這個職務上，他也了解到行政事務須注重很多細節，也正是這些細節，成就了現在細心的自己。

回憶起年少時在陸軍官校各種超越體能和心智的極限訓練，當時每天出操，連續好幾個月從早晨五、六點到晚上密集訓練，最後團隊在五項戰技比賽（射擊、手榴彈投擲、五千公尺武裝跑步、五百公尺障礙通過、刺槍術）中，罕見的以專一營學生班在眾多勁旅中，贏得學生隊第一名的榮耀；與同袍們建立起的革命情感，林榮輝眼中仍散發神采，至今持續參加同學會，維繫三十幾年長久的情誼。

林榮輝認同「潛能」是「操」出來的，人們自以為的極限，經過訓練還是能不斷延伸；軍中的訓練，能夠打掉人們畫地自限的自尊，重新塑造出更堅毅的韌性與適應力。

運用彈性思維
帶來跳躍式成長

對於產險業的經營，從基層一路歷練至管理階層的林榮輝，也觀察到除須考慮出險的「損失率」、人事行政成本的「費用率」及各通路的「佣金率」等綜合率穩定收益之外，如何創造客戶需求、滿足需求，以更好的商品及服務得到客戶驚喜及認同，才能建立良好的品牌形象，並永續經營。

過去的經驗雖可避免錯誤及有助於檢驗分析，但跳脫框架、反向思考常會有意想不到的收穫。林榮輝常透過由下而上的討論了解客戶需求的改變、市場的變化、以及多面向的解決方案，再運用共識訂定方向、達成目標，有助於團隊力的凝聚，達到共戰、共好、共贏。

產險業商品多元，從一般最貼近消費者的旅遊綜合保險、傷害暨健康險、汽機車保險、住宅險到火險、責任險、工程險、運輸險等，專業領域暨深且廣，人才的養成時間長，林榮輝鼓勵有意加入產險業的朋友，要用積極正面的心態終身學習，透過跨部門的歷練，養成無可取代的專業。

熱心教育
曾經同時加入七個家長會

雖然平日忙於工作，假日又因進修和社團活動占滿了時間，林榮輝仍熱心於孩子的教育，跟著孩子成長的腳步一路在學校家長會出錢出力，甚至曾同時加入七個家長會，多年來捐款超過百萬元，至今孩子也已大四，學業有成。林榮輝認為，校園需要建設，孩子的身心健康更為重要，經費由家長會提供最為快速，也能讓學校更著重在孩子們的教育上。

回想二〇〇三年調到高雄分公司，二〇一八年才調回台南，十五年間因工作忙碌，假日還要進修，每天早出晚歸，太太必須一個人照顧二個孩子，家務甚為繁重，但卻能全心支持他在事業上的發展，未曾有絲毫怨言，林榮輝也十分感謝太太多年來的體諒和付出，讓他能盡情的在事業上發展。

維持自己的最佳狀態就會找到舞台

在職場上，許多人會因公司易主，或是主管做事方式與己不合而心生退意，或稍有不如意就推諉抱怨，看在公司幾經轉手、仍能堅守同一崗位的林榮輝眼裡，不斷充實自己、創造屬於自己的工作舞台，才是正確的工作態度，對於同事的來來去去起伏更迭，依舊堅持維持自己的最佳狀態，不斷求取進步和成長。

論語中記載孔子曾說：「不患人之不己知，患其不能也。」意思是不要擔心沒人了解自己，只要擔心自己沒有能力。「把自己準備好，主管終究會了解你具備的經驗和特長，有需要時就能用到你。」這是林榮輝給年輕人的忠告，也是他始終如一的守則及人生智慧。

解決問題高手
從閱讀養成心靈領袖

NYPC 高專
陳國文

Peter主持心靈領袖讀書會。■左：在台南藏風藝文空間。 ■中：在新竹高級法式餐廳 Bistro 302。 ■右：在新竹安捷國際酒店 AJ Hotel。

解決問題高手，從閱讀養成心靈領袖

大文豪雨果曾說：「書籍是造就靈魂的工具。」對陳國文（以下簡稱 Peter）來說，書帶給他的不僅是知識，更是遇到任何問題，只要秉持追根究柢永不放棄、任何事都可迎刃而解的自信，更是讓他與各領域好友交流生命經驗、提升身心靈的精神糧食。

貴人吸引力 有願就有力

NYPC部經理室技術組研究開發高級專員 Peter，因擔任法院警長的父親從嘉義調職到雲林縣，從小在虎尾長大，自雲林工專機械製造科畢業後，他進入位於彰化的羽田機械公司工作，生產「標緻」、「銀翼」等汽車。

幸運地，公司欲培訓選手參加經濟部「品管圈」全國競賽，Peter 以第一名成績代表公司參賽，經中正理工學院（現稱國防大學）教授陳寬仁半年指導，以導入品管圈七大手法製作「汽車板金沖模廢屑刀材質改善」專題，拘回第二名銀塔獎佳績，讓他建立自信心，學習解決問題的能力獲得肯定。繼陳寬仁後，他在台灣遇見 Peter E. Thompson，在他人生轉向時及時送暖。

「品管圈」競賽獎品之一，就是招待前三名選手赴日參訪，他理當可同行前往，然而公司總裁不放行，他於是轉換跑道進入NYPC，他也因而結識在台美國 Eagle Picher 研究開發項目經理 Peter E. Thompson，兩人十分投緣，Peter E. Thompson視他為乾兒子，也在他赴美受訓時，給予技術、生活的建議與照顧，種種恩情讓他銘記於心，取英文名字為 Peter，也是源自於此。

公司看重員工訓練，進公司都要外派歷練，Peter 在進NYPC第二年，當時剛引進使用纖維強化塑膠做門板等建材的技術，卻碰上一組模具損壞，台灣沒維修技術，便派他運模具到美國底特律城維修，他從頭學起，包括材料、技術，找研究文獻、向有經驗的工廠技師請益，經歷多次試驗跟失敗，順利將模具修好，不負公司所託完成此一艱鉅任務。

「老闆交付任務就是使命必達，沒有空間跟時間的限制，更沒有不可能的任務。」他樂於學習的個性，加上公司「勤勞樸實、追根究柢、止於至善」的文化養成，遇到問題先問「為什麼？」，再找資源、人才解決問題。他逐漸成為老闆倚重的幹部，陸續又被派往加拿大、墨西哥、日本學習，歷經七年於二〇〇一年返回台廠，此時的Peter對於模具開發，紋路蝕刻及電鍍技術，甚至與銀行團的談判技巧都已駕輕就熟。

■在高雄心靈領袖讀書會導讀稻盛和夫「燃燒的鬪魂」並將演講所得捐給「食物銀行」做公益！

■與管院院長李鴻文、校友會名譽理事長黃敏惠共同見證聯合國和平獎章得主蔡武璋博士捐贈KANO百年紀念球給嘉大EMBA校友會。

■2017年當選嘉大EMBA校友會理事長，發揮KANO永不放棄精神，兩年內成立讀書會及慢跑、籃球、羽球、歌唱、壘球等社團。

EMBA

■在底特律學習模具開發時受加拿大皇冠國際模具公司(Regal international Tool & Mould.)總裁 Mr. Jim Leboeuf 指導和照顧。

■乾爹 Peter E.Thompson 對其在SMC模壓及模具開發技術上啟發良多！

■以嘉大EMBA三二讀書會為架構，二年內將讀書會推廣到其他5個城市。

■少年時任職羽田機械，代表公司參加經濟部品管圈全國競賽，抱回第二名銀塔獎佳績。

■每週日下午陪伴父母至虎尾糖廠喝咖啡、聽民歌，享受悠哉午後。

■積極參與CSU總會及南分會活動，同時任兩會理事。

■Peter和老婆Bunny、兒子Justin全家福。

■與菲律賓員工每月定期聚餐，相處如家人般溫馨。

■2007年以第一名考上嘉大EMBA，2009年畢業與教授、同學合影。

追根究柢找問題源頭
創造自己被利用價值

放眼全球，台灣塑膠產業主要競爭對手為印度、日本，而身為產業龍頭之一的NYPC要保持領先，不只領導者要富有遠見，企業經營管理、技術都要跟著市場變化，Peter對此有深刻體會，他開發、改良生產製程，在公司老闆指導下打造纖維強化塑膠連續生產線。

他評估，這條生產線如果用購買的，價格約一百萬美元，他們便至其他廠商參訪，回台後自行設計、找尋材料跟廠商開發。

他舉例，將製做聚氯乙烯門板的押出方式，轉而使用在纖維強化塑膠材質門板製程，從備料、工序、機器可以連續製程，幾乎是不可能的任務，但他秉持永不放棄信念，三年尋找廠商合作、三年測試尋找配方及適合材料，並向外籍技師Roger求助，最終成功開發進階設備連續式生產線，他表示：「只要鍥而不捨，自然會有貴人出現，問題就能迎刃而解，所謂有願就有力，願有多大，力量就多大」。Peter更與協力廠商有長期合作的信任關係，而此成果背後，是他與對方深層互動、共同開發出新技術專利而來的。

他指出，曾有一間中國大陸廠商，簽約前保證有技術可依據公司要求生產，孰料最終交不出貨、做不出來，他前往了解狀況，但因為鋼材未依規定，對方反而要提告，他趕緊離開現場，並向其他廠商求助，才化險為夷；然而公司並未斷了與廠商的合作關係，不僅退讓認賠，Peter還展現電鍍技術將針孔鋼材電鍍處理好的核心技術能力，令對方心服口服。

他說，在老闆身邊學習，如同站在巨人的肩膀看事情，包括遇到問題時不是單打獨鬥，而是團隊戰力展現，做事情前要設身處地，以利他角度行事。

比如老闆要求報告，他會以老闆的角度思考，不只給一張採購單或一頁報告，而是找兩間公司的資料比對分析，提供多個解決方案，機械圖、遷移的空間位置、Layout 等都要備齊，老闆才能在短時間內宛如置身現場、一目了然、做出正確決策。

把員工當家人 感動部屬

對於部屬，Peter 說，他樂於分享、教導並容許犯錯，因此，他會找尋個性實在、不怕挫折、抗壓性強等特質的人才，推薦為公司儲訓幹部。

公司有部分員工來自菲律賓，他沒有主管的架子，工作之餘關心他們的健康、生活，有空一起打籃球，每月初安排員工聚餐、出遊，因為「員工就像自家人」。曾有菲律賓員工得腦瘤，老闆要求他一定要救該員工，他認為：「能感動他就能帶領他。」然而即使私下交情好，工作上仍嚴格地要求。

心靈領袖讀書會拓展至六城市 生產力再造充電地方

即便是樂於工作、為老闆分憂的 Peter，也需要一個紓壓管道平衡身心。

二〇〇七年他在嘉義大學管理學院ＥＭＢＡ利用假日進修，接觸創立六年嘉大管理學院ＥＭＢＡ校友會，當時校友會甫成立讀書會，他從每月可聽三小時教授的分享、閱讀書籍中體悟學習的快樂，一年後在學長交付下，Peter 成為會長，經三年半，他擔任嘉大ＥＭＢＡ校友會第四屆理事長，肩負起發揚及打響「嘉大ＥＭＢＡ校友會」品牌的責任。

他覺得讀書會很棒，可推廣到其他學校或城市，於是他從嘉大ＥＭＢＡ作為立足點，成立各校ＥＭＢＡ學生、校友還有喜愛閱讀的社會大眾都能參加的「Peter六城市心靈領袖讀書會」，取名心靈領袖，是因為當時導讀到 Dr.Thomas Fredman《謝謝您遲到》一書，作者在書中表示，當世界資訊快速傳遞、社會失序，人與人之間已不再有信任，唯獨透過身體力行、替人著想的心靈領袖，才可領導世界新局。

嘉大ＥＭＢＡ讀書會迄今逾五年，利用二年時間拓展到高雄、台南、台中、新竹、台北等五個城市，Peter 對讀書會的運作親力親為，主持、與會的場次就超過一百六十場。

「讀書會如小型社會，遇到的問題什麼都有。」正如逢甲大學專案管理研究所主任楊朝仲指出，六個城市讀書會的推廣就如同系統思考中的精典案例，每一個變因都值得用八爪章魚覓食術分析，要能達成動態平衡，往往一個狀態掌握不佳就會牽一髮動全身。

他說，有時找不到適合的場地、講座只有一人參加等問題，他一一克服，將從職場經驗跟閱讀習得的管理方法，應用在辦理讀書會，不只規劃講座，還有國際鋼琴家Sherry及西班牙大提琴家 Arturo 演奏會、插花藝術、品酒會、歌曲教唱等，相當多元，每場還網路直播，內容豐富、具紀念意義的活動，就另請專人後製成影片記錄，作為讀書會數位資料庫。

二〇一八年十二月十八日，新竹心靈領袖讀書會在 AJ Hotel 安捷酒店舉辦暮年會，學員戴著造型耶誕帽，充滿溫馨，另由 Lucy 老師教導大家運用方法，在三十分鐘內讀一本書，三十名參加者每一位導讀一本書，共製作三十本書文案，而當天 Peter 選擇倡導敬天愛人及利他理念的稻盛和夫《燃燒的鬥魂》一書。

Peter 感慨地說，學海無涯，但現今人已很少閱讀，透過參加每月固定讀書會，無論年紀長幼都可不斷學習，如稻盛和夫的書，就提到許多成功企業的經營心法。

因為老闆會隨時聯繫 Peter，他隨時準備「解鎖任務」，還要籌辦讀書會，時間怎麼分配？他說，這要感謝另一貴人老婆，還記得兒子出生前他外派在美國，差點無法陪產，見證兒子呱呱落地的重要時刻，幸好他及時完成工作返國兒子才出生，並未錯過這重要的日子。

他表示，因忙於工作老婆偶有怨言，但一旦當主管需肩負責任，需互相體諒，二來專注做好工作，才能在老闆提出要求前，就事先預測並準備好相關資料。他也盡量排周末的時間陪伴妻兒，近年妻子退休，愛唱歌的兩人與讀書會學員還組了歌唱社，練唱陶冶性情、紓發壓力，夫妻感情也更融洽。

對於人生未來規劃，Peter 認為，要傳遞善知善念、做公益，尤其讀書會不能安於現狀，將匯集各界資源逐步拓展到全國各城市，將閱讀的樂趣傳遞給對閱讀有興趣的人，結合志同道合磁場相近的人，成為一股社會穩定的力量。

國家圖書館出版品預行編目資料

你的未來有無限可能：中華兩岸EMBA英雄榜 / 中華兩岸EMBA聯合會作. -- 初版. -- 臺北市 : 知識流，2019.04
面；　公分. --（EMBA ; 101）

ISBN　978-986-88263-7-3（平裝）

1. 創業　2.企業家　3.職場成功法

494.1　108003935

知識流 KNOWLEDGISM

EMBA 101
你的未來有無限可能
—— 中華兩岸EMBA英雄榜

作　　者　中華兩岸EMBA聯合會
訪談撰稿　林宏文、劉輝雄、李福忠、孫家銘、余澤綿、張逸、張文華、傅于、彭心元、王山宴、林三永、徐瑜佳
主題策畫　周翠如
責任編輯　高憶君、余澤綿、林昶睿
文字校對　周振煌、蔡怡嘉、鄭瀚威
封面設計　陳偉哲
內頁攝影　施岳呈、楊祖宏、黃富貴
內頁排版　王麗鈴
業務經理　林威成

發 行 人　周翠如
出 版 者　知識流出版股份有限公司
地　　址　台北市100中正區懷寧街64號7F
電　　話　（02）2312-1402
傳　　真　（02）2230-0450
劃撥帳號　19924070 知識流出版股份有限公司
法律顧問　揚然法律事務所吳奎新律師
總 經 銷　大和書報圖書股份有限公司　電話：（02）8990-2588
海外總經銷　時報文化出版企業股份有限公司　電話：（02）2306-6842
出版日期　2019年4月4日初版
定　　價　380元

ISBN：978-986-88263-7-3（平裝）
Printed in Taiwan